National Competency Standards **NCS**

http://www.ncs.go.kr

피 부 미 용 직 무 능 력 표 준 학 습 모 듈

체형관리 실습서

김유정 · 이현진 · 김현주 저

구민사 Technology Computer

머리말
PREFACE

피부미용산업의 급성장으로 인체를 전체적으로 다루는 영역이 지속적으로 확대되어 가고 있습니다. ncs기반에 맞춰 전공의 체계적인 실무를 위하여 국내의 피부미용에서 가장 기초적인 체형관리의 이론에 맞춰 실습 특히 국내 현장에서 관리 시 많이 사용되는 복부와 등관리하기를 주로 구성하여 체형관리의 가장 많은 비중을 차지하는 부분에 도움을 주는 실습으로 구성하였습니다.

ncs기반정립 전의 경험을 발판삼아 ncs기반 수업에 맞도록, 체계적으로 내용을 나누어 과목별 작업하였고, 현장에서 인재양성에 필요로 하는 현장성 있는 실무를 위하고자 노력하였습니다.

지난번 집필에 이어 매번 지원을 아끼지 않으시는 구민사 조규백사장님, 김효섭차장님과 편집부 선생님들께 감사의 마음을 전합니다.

저자 일동

차례
CONTENTS

[20 학년도 학기]

교과목

프로파일러

교과목명	체형관리	이수구분	전선
시수	3	학년-학기	1-2
학점	2	이론/실습	1/2

직무명 및 NCS 능력단위

직무명	능력단위	능력단위코드	학습모듈
02. 피부미용	전신관리	1201010204	몸매관리

교과목 개요	[교과 개요] • 피부미용사로서 고객의 피부건강과 아름다움의 욕구를 충족하기 위한 피부미용서비스로 피부미용 산업현장에서 응용이 되는 전신관리를 학습한다. 또한 이에 필요한 관리법을 익히고 실습한다. • NCS 능력단위의 수행준거를 기반으로 몸매분석, 전신딥클렌징하기, 등관리하기, 복부관리하기, 전신마무리관리하기를 한다. [교과 특징] • 본 교과는 미용사(피부) 자격증 취득에 필요한 전신관리 현장실무 활용을 위한 교과목으로 고객 및 국내외 트랜드 등을 반영하여 산업현장에서 기본이 되는 이론을 공부하고 몸매분석부터 전신마무리의 체계적인 과정에서 고객에게 적합한 현장실무에 필요한 능력을 갖춰줄 수 있음 • 본 교과는 1:1 상호실습 중심의 교과목이며 전신관리를 공부하기 위한 교과목임
교육목표	몸매를 분석한 후 전신을 클렌징, 딥클렌징을 한 후 부위별 매뉴얼테크닉을 실시하고 영양물질 도포, 팩·마스크를 실시한 후 마무리할 수 있는 능력이다.
교육내용	(1) 몸매분석하기 (2) 전신 딥클렌징하기 (3) 등관리하기 (4) 복부관리하기 (5) 전신관리마무리하기

<table>
<tr><td></td><td colspan="8">NCS능력단위</td><td colspan="4">자체 능력단위</td></tr>
<tr><td>장비 및 도구</td><td colspan="8">• 피부미용에 사용되는 기본 화장품
• 냉·온 타월
• 온장고, 냉장고
• 자외선 소독기
• 컴퓨터 및 주변기기
• 미용기기 및 기구
• 피부관리 비품
• 피부관리 제품</td><td colspan="4"></td></tr>
<tr><td rowspan="3">교수·학습방법</td><td>a</td><td>b</td><td>c</td><td>d</td><td>e</td><td>f</td><td>g</td><td>h</td></tr>
<tr><td>O</td><td>O</td><td></td><td></td><td></td><td></td><td></td><td></td></tr>
<tr><td colspan="8">a. 이론강의 b. 실습 c. 발표 d. 토론 e. 팀프로젝트
f. 캡스톤디자인 g. 포트폴리오(학습자/교수자) h. 기타</td></tr>
</table>

<table>
<tr><td rowspan="3">평가방법</td><td>A</td><td>B</td><td>C</td><td>D</td><td>E</td><td>F</td><td>G</td><td>H</td><td>I</td><td>J</td><td>K</td><td>L</td><td>M</td></tr>
<tr><td>O</td><td></td><td></td><td></td><td></td><td></td><td></td><td></td><td></td><td></td><td></td><td>O</td><td>O</td></tr>
<tr><td colspan="13">A. 포트폴리오, B. 문제해결시나리오, C. 서술형시험, D. 논술형시험,
E. 사례연구, F. 평가자 질문, G. 평가자 체크리스트,
H. 피평가자 체크리스트, I. 일지/저널, J. 역할연기, K. 구두발표,
L. 작업장 평가, M. 기타</td></tr>
<tr><td>교육정보</td><td colspan="13">전신관리를 위한 참고도서(체형관리 실습서, 피부미용학)
인터넷을 통한 전문 채널 및 비디오, DVD 등의 시청각 자료</td></tr>
</table>

대분류	중분류	소분류	세분류	능력단위	능력단위코드
12.숙박여행오락	01.이·미용	01.이·미용 서비스	02.피부미용	전신관리	1201010204_14v2

능력단위요소 (코드)	수행준거	지식·기술·태도
몸매분석하기 (1201010204_14v2.01)	1.1. 고객의 현재 몸매 상태를 파악할 수 있다. 1.2. 선천적 몸매와 잘못된 습관에 의해 만들어진 몸매를 구분할 수 있다. 1.3. 몸매 부위별 문제점을 파악하고 부위별 체형에 대해 분류할 수 있다. 1.4. 분석결과에 따라 전신관리 계획을 수립할 수 있다.	[지식] • 근골격계·해부생리 • 피부관리에 관한 지식 • 피부미용기기에 관한 지식 [기술] • 부위별 체형에 대한 분류 능력 • 신체구조 및 장단점을 파악하는 능력 • 전신관리 계획 수립 능력 [태도] • 고객에게 심리적 안정감을 주려는 의지

능력단위요소 (코드)	수행준거	지식·기술·태도
전신 클렌징하기 (1201010204_14v2.02)	2.1. 전신부위별 피부유형에 따라 클렌징 방법과 제품을 선택할 수 있다. 2.2. 전신피부유형에 맞는 제품과 테크닉으로 클렌징 할 수 있다. 2.3. 온습포 또는 경우에 따라 냉습포로 닦아내고 토닉으로 정리할 수 있다.	[지식] • 기초화장품 종류 및 성분 • 위생과 소독 방법 • 전신 피부미용관리에 관한 지식 • 전신피부유형에 관한 지식 [기술] • 습포사용 능력 • 위생관리 능력 • 클렌징 테크닉 능력 [태도] • 고객의 반응을 살피려는 의지 • 고객이 편안히 이완할 수 있도록 배려하려는 의지 • 위생적으로 고객을 배려하려는 의지
전신 딥클렌징하기 (1201010204_14v2.03)	3.1. 전신 피부 유형별 딥클렌징 제품을 선택할 수 있다. 3.2. 딥클렌징 제품의 특성에 따라 전신 피부 유형에 맞게 적용하여 사용할 수 있다. 3.3. 해당 미용기기를 활용할 수 있다.	[지식] • 기초화장품 종류 및 성분 • 딥클렌징 제품과 피부미용기기에 관한 지식 • 위생과 소독 방법 • 피부의 구조와 생리 [기술] • 물리적·화학적방법 적용 능력 • 미용기기 활용 능력 • 전신 피부유형에 따른 딥클렌징 제품 선택 능력 [태도] • 고객의 반응을 살피려는 의지 • 고객이 편안히 이완할 수 있도록 배려하려는 의지 • 위생적으로 고객을 배려하려는 의지
등 관리하기 (1201010204_14v2.04)	4.1. 등 피부유형에 맞는 제품을 선택할 수 있다. 4.2. 등의 상태를 파악하고 목적에 맞는 매뉴얼테크닉을 적용할 수 있다. 4.3. 시간, 속도, 리듬, 밀착, 세기를 고려하여 등 매뉴얼 테크닉을 구사할 수 있다.	[지식] • 근골격계·해부생리 • 기초화장품 종류·성분 및 사용법 • 매뉴얼 테크닉에 관한 지식 • 위생소독 방법 • 피부관리에 관한 지식 • 피부미용기기에 관한 지식 • 피부에 관한 지식

능력단위요소 (코드)	수행준거	지식·기술·태도
		[기술] • 떨며 펴바르기 능력 • 밀착하여 펴바르기 능력 • 쓸어서 펴바르기 능력 • 어루만져 펴바르기 능력 • 토닥토닥 펴바르기 능력 [태도] • 고객을 편안하고 안정적으로 배려하는 의지 • 신체부위 노출을 삼가려는 의지
복부 관리하기 (1201010204_ 14v2.05)	5.1. 고객의 복부상태에 따른 금기사항을 파악할 수 있다. 5.2. 복부 피부유형에 맞는 제품을 선택할 수 있다. 5.3. 복부의 상태를 파악하고 목적에 맞는 복부 매뉴얼테크닉을 적용할 수 있다. 5.4. 시간, 속도, 리듬, 밀착, 세기를 고려하여 복부 매뉴얼테크닉을 구사할 수 있다.	[지식] • 근골격계·해부생리 • 기초화장품 종류 및 성분 • 매뉴얼 테크닉에 관한 지식 • 위생소독 방법 • 피부관리에 관한 지식 • 피부미용기기에 관한 지식 • 피부에 관한 지식 [기술] • 떨며 펴바르기 능력 • 밀착하여 펴바르기 능력 • 쓸어서 펴바르기 능력 • 어루만져 펴바르기 능력 • 토닥토닥 펴바르기 능력 [태도] • 고객을 편안하고 안정적으로 배려하는 의지 • 신체부위 노출을 삼가려는 의지
전신관리 마무리하기 (1201010204_ 14v2.10)	10.1. 전신관리가 끝난 후 토닉으로 피부정리를 할 수 있다. 10.2. 고객의 전신 피부유형에 따른 기초화장품류를 선택할 수 있다. 10.3. 해당부위에 맞는 제품을 선택 후 특성에 따라 적용할 수 있다. 10.4. 피부손질이 끝난 후 전신을 가볍게 이완할 수 있다.	[지식] • 보습, 화장품 종류·성분 및 사용법 • 피부유형에 대한 지식 [기술] • 근육이완 능력(핸드 드라이) • 습포 사용 능력 • 제품 바르는 능력 [태도] • 고객의 선호도에 따른 화장품의 사용량을 조절하려는 의지 • 잔여물이 남지 않도록 노력하려는 의지

[20　 학년도　학기]

NCS기반

강의계획서

<table>
<tr><th colspan="3">직무</th><th colspan="3">능력단위</th><th colspan="3">능력단위코드</th></tr>
<tr><td colspan="3">02.피부미용</td><td colspan="3">전신관리</td><td colspan="3">1201010204_14v2</td></tr>
<tr><td>교과목명</td><td colspan="2">체형관리</td><td>이수구분</td><td>전선</td><td colspan="2">담당교수</td><td colspan="2"></td></tr>
<tr><td>대상학과</td><td>피부미용전공</td><td>학년-학기</td><td>1-2</td><td>학점</td><td>2</td><td>시수(이론/실습)</td><td colspan="2">3(1/2)</td></tr>
<tr><td>교과목 개 요</td><td colspan="8">[교과 개요]
피부미용사로서 고객의 피부건강과 아름다움의 욕구를 충족하기 위한 피부미용서비스로 피부미용 산업현장에서 응용이 되는 전신관리를 학습한다. 또한 이에 필요한 관리법을 익히고 실습한다.
NCS 능력단위의 수행준거를 기반으로 몸매분석, 전신딥클렌징하기, 등관리하기, 복부관리하기, 전신마무리관리하기를 한다.
[교과 특징]
본 교과는 미용사(피부) 자격증 취득에 필요한 전신관리 현장실무 활용을 위한 교과목으로 고객 및 국내외 트랜드 등을 반영하여 산업현장에서 기본이 되는 이론을 공부하고 몸매분석부터 전신마무리의 체계적인 과정에서 고객에게 적합한 현장실무에 필요한 능력을 갖춰 줄 수 있음
본 교과는 1:1 상호실습 중심의 교과목이며 전신관리를 공부하기 위한 교과목임</td></tr>
<tr><td>교 육 목 표</td><td colspan="8">몸매를 분석한 후 전신을 클렌징, 딥클렌징을 한 후 부위별 매뉴얼테크닉을 실시하고 영양물질 도포, 팩·마스크를 실시한 후 마무리할 수 있는 능력이다.</td></tr>
<tr><td rowspan="3">교수·학습 방법</td><td>a</td><td>b</td><td>c</td><td>d</td><td>e</td><td>f</td><td>g</td><td>h</td></tr>
<tr><td>○</td><td>○</td><td></td><td></td><td></td><td></td><td></td><td></td></tr>
<tr><td colspan="8">a. 이론강의 b. 실습 c. 발표 d. 토론 e. 팀프로젝트 f. 캡스톤디자인
g. 포트폴리오(학습자/교수자) h. 기타</td></tr>
<tr><td>기자재 및 매체</td><td colspan="8">• 피부미용에 사용되는 기본 화장품
• 냉·온 타월
• 온장고, 냉장고
• 자외선 소독기
• 피부관리 비품
• 피부관리 제품</td></tr>
<tr><td rowspan="3">교 재
(NCS 학습모듈)</td><td colspan="2">주교재</td><td colspan="6">ncs 학습모듈</td></tr>
<tr><td colspan="2">부교재</td><td colspan="6">체형관리학 / 구민사</td></tr>
<tr><td colspan="2">참고 교재</td><td colspan="6"></td></tr>
</table>

평가방법	A. 포트폴리오, B. 문제해결시나리오, C. 서술형시험, D. 논술형시험, E. 사례연구, F. 평가자 질문, G. 평가자 체크리스트, H. 피평가자 체크리스트, I. 일지/저널, J. 역할연기, K. 구두발표, L. 작업장 평가, M. 기타 ※ 세부내용은 평가계획서에 기술됨.
성적분포	1차직무수행평가(중간) 30, 2차직무수행평가(포트폴리오) 20 3차직무수행평가(기말) 30, 출석 20
기타사항	

A	B	C	D	E	F	G	H	I	J	K	L	M
O											O	O

관련 능력단위요소	수행준거	지식·기술·태도
몸매분석하기 (1201010204_14v2.01)	1.1. 고객의 현재 몸매 상태를 파악할 수 있다. 1.2. 선천적 몸매와 잘못된 습관에 의해 만들어진 몸매를 구분할 수 있다. 1.3. 몸매 부위별 문제점을 파악하고 부위별 체형에 대해 분류할 수 있다. 1.4. 분석결과에 따라 전신관리 계획을 수립할 수 있다.	[지식] • 근골격계·해부생리 • 피부관리에 관한 지식 • 피부미용기기에 관한 지식 [기술] • 부위별 체형에 대한 분류 능력 • 신체구조 및 장단점을 파악하는 능력 • 전신관리 계획 수립 능력 [태도] • 고객에게 심리적 안정감을 주려는 의지
전신 클렌징하기 (1201010204_14v2.02)	2.1. 전신부위별 피부유형에 따라 클렌징 방법과 제품을 선택할 수 있다. 2.2. 전신피부유형에 맞는 제품과 테크닉으로 클렌징 할 수 있다. 2.3. 온습포 또는 경우에 따라 냉습포로 닦아내고 토닉으로 정리할 수 있다.	[지식] • 기초화장품 종류 및 성분 • 위생과 소독 방법 • 전신 피부미용관리에 관한 지식 • 전신피부유형에 관한 지식 [기술] • 습포사용 능력 • 위생관리 능력 • 클렌징 테크닉 능력 [태도] • 고객의 반응을 살피려는 의지 • 고객이 편안히 이완할 수 있도록 배려하려는 의지 • 위생적으로 고객을 배려하려는 의지

관련 능력단위요소	수행준거	지식·기술·태도
전신 딥클렌징하기 (1201010204_14v2.03)	3.1. 전신 피부 유형별 딥클렌징 제품을 선택할 수 있다. 3.2. 딥클렌징 제품의 특성에 따라 전신 피부 유형에 맞게 적용하여 사용할 수 있다. 3.3. 해당 미용기기를 활용할 수 있다.	[지식] • 기초화장품 종류 및 성분 • 딥클렌징 제품과 피부미용기기에 관한 지식 • 위생과 소독 방법 • 피부의 구조와 생리 [기술] • 물리적·화학적방법 적용 능력 • 미용기기 활용 능력 • 전신 피부유형에 따른 딥클렌징 제품 선택 능력 [태도] • 고객의 반응을 살피려는 의지 • 고객이 편안히 이완할 수 있도록 배려하려는 의지 • 위생적으로 고객을 배려하려는 의지
등 관리하기 (1201010204_14v2.04)	4.1. 등 피부유형에 맞는 제품을 선택할 수 있다. 4.2. 등의 상태를 파악하고 목적에 맞는 매뉴얼테크닉을 적용할 수 있다. 4.3. 시간, 속도, 리듬, 밀착, 세기를 고려하여 등 매뉴얼 테크닉을 구사할 수 있다.	[지식] • 근골격계·해부생리 • 기초화장품 종류·성분 및 사용법 • 매뉴얼 테크닉에 관한 지식 • 위생소독 방법 • 피부관리에 관한 지식 • 피부미용기기에 관한 지식 • 피부에 관한 지식 [기술] • 떨며 펴바르기 능력 • 밀착하여 펴바르기 능력 • 쓸어서 펴바르기 능력 • 어루만져 펴바르기 능력 • 토닥토닥 펴바르기 능력 [태도] • 고객을 편안하고 안정적으로 배려하는 의지 • 신체부위 노출을 삼가려는 의지

관련 능력단위요소	수행준거	지식·기술·태도
복부 관리하기 (1201010204_14v2.05)	5.1. 고객의 복부상태에 따른 금기사항을 파악할 수 있다. 5.2. 복부 피부유형에 맞는 제품을 선택할 수 있다. 5.3. 복부의 상태를 파악하고 목적에 맞는 복부 매뉴얼테크닉을 적용할 수 있다. 5.4. 시간, 속도, 리듬, 밀착, 세기를 고려하여 복부 매뉴얼테크닉을 구사할 수 있다.	[지식] • 근골격계·해부생리 • 기초화장품 종류 및 성분 • 매뉴얼 테크닉에 관한 지식 • 위생소독 방법 • 피부관리에 관한 지식 • 피부미용기기에 관한 지식 • 피부에 관한 지식 [기술] • 떨며 펴바르기 능력 • 밀착하여 펴바르기 능력 • 쓸어서 펴바르기 능력 • 어루만져 펴바르기 능력 • 토닥토닥 펴바르기 능력 [태도] • 고객을 편안하고 안정적으로 배려하는 의지 • 신체부위 노출을 삼가려는 의지
전신관리 마무리하기 (1201010204_14v2.10)	10.1. 전신관리가 끝난 후 토닉으로 피부정리를 할 수 있다. 10.2. 고객의 전신 피부유형에 따른 기초화장품류를 선택할 수 있다. 10.3. 해당부위에 맞는 제품을 선택 후 특성에 따라 적용할 수 있다. 10.4. 피부손질이 끝난 후 전신을 가볍게 이완할 수 있다.	[지식] • 보습, 화장품 종류·성분 및 사용법 • 피부유형에 대한 지식 [기술] • 근육이완 능력(핸드 드라이) • 습포 사용 능력 • 제품 바르는 능력 [태도] • 고객의 선호도에 따른 화장품의 사용량을 조절하려는 의지 • 잔여물이 남지 않도록 노력하려는 의지

주차별 학습 내용

<table>
<tr><th colspan="3">(1)주차 학습내용</th></tr>
<tr><th colspan="2">관련 능력단위요소(코드)</th><th>수행준거</th></tr>
<tr><td colspan="2">몸매분석하기(1201010204_01.14v2)</td><td>1.1. 고객의 현재 몸매 상태를 파악할 수 있다.</td></tr>
<tr><th>수업내용</th><td colspan="2">1. 오리엔테이션/수업진행설명, 학우들 서로 인사, 평가방법 설명 등
2. 고객의 현재 몸매 상태 파악방법(체형관리개론)</td></tr>
<tr><th>수업활동</th><td colspan="2">오리엔테이션
진단평가
강의(이론 및 실습)</td></tr>
<tr><th>수업 방법/기자재 및 매체</th><td colspan="2">이론 ppt</td></tr>
<tr><th colspan="3">(2)주차 학습내용</th></tr>
<tr><th colspan="2">관련 능력단위요소(코드)</th><th>수행준거</th></tr>
<tr><td colspan="2" rowspan="3">몸매분석하기(1201010204_01.14v2)</td><td>1.2. 선천적 몸매와 잘못된 습관에 의해 만들어진 몸매를 구분할 수 있다.</td></tr>
<tr><td>1.3. 몸매 부위별 문제점을 파악하고 부위별 체형에 대해 분류 할 수 있다.</td></tr>
<tr><td>1.4. 분석결과에 따라 전신관리 계획을 수립할 수 있다.</td></tr>
<tr><th>수업내용</th><td colspan="2">1. 바디 몸매분석하기(체형관리개론)</td></tr>
<tr><th>수업활동</th><td colspan="2">강의(이론 및 실습)</td></tr>
<tr><th>수업 방법/기자재 및 매체</th><td colspan="2">• 피부미용에 사용되는 기본 화장품
• 냉·온 타월
• 피부관리 비품
• 피부관리 제품
• 온장고, 냉장고
• 자외선 소독기</td></tr>
</table>

(3)주차 학습내용	
관련 능력단위요소(코드)	**수행준거**
몸매분석하기(1201010204_01.14v2)	1.1. 고객의 현재 몸매 상태를 파악할 수 있다. 1.2. 선천적 몸매와 잘못된 습관에 의해 만들어진 몸매를 구분할 수 있다. 1.3. 몸매 부위별 문제점을 파악하고 부위별 체형에 대해 분류할 수 있다. 1.4. 분석결과에 따라 전신관리 계획을 수립할 수 있다.
수업내용	1.몸매분석하기(체형관리개론)
수업활동	강의(이론 및 실습)
수업 방법/기자재 및 매체	• 피부미용에 사용되는 기본 화장품 • 냉·온 타월 • 피부관리 비품 • 피부관리 제품 • 온장고, 냉장고 • 자외선 소독기

(4)주차 학습내용	
관련 능력단위요소(코드)	**수행준거**
전신 클렌징하기(1201010204_02.14v2)	2.1. 전신부위별 피부유형에 따라 클렌징 방법과 제품을 선택할 수 있다. 2.2. 전신피부유형에 맞는 제품과 테크닉으로 클렌징 할 수 있다. 2.3. 온습포 또는 경우에 따라 냉습포로 닦아내고 토닉으로 정리할 수 있다.
수업내용	전신클렌징하기1
수업활동	강의(이론 및 실습)
수업 방법/기자재 및 매체	• 피부미용에 사용되는 기본 화장품 • 냉·온 타월 • 피부관리 비품 • 피부관리 제품 • 온장고, 냉장고 • 자외선 소독기

(5)주차 학습내용	
관련 능력단위요소(코드)	**수행준거**
전신 클렌징하기(1201010204_02.14v2)	2.1. 전신부위별 피부유형에 따라 클렌징 방법과 제품을 선택할 수 있다.
	2.2. 전신피부유형에 맞는 제품과 테크닉으로 클렌징 할 수 있다.
	2.3. 온습포 또는 경우에 따라 냉습포로 닦아내고 토닉으로 정리할 수 있다.

수업내용	전신클렌징하기2
수업활동	강의(이론 및 실습)
수업 방법/기자재 및 매체	• 피부미용에 사용되는 기본 화장품 • 냉·온 타월 • 피부관리 비품 • 피부관리 제품 • 온장고, 냉장고 • 자외선 소독기

(6)주차 학습내용	
관련 능력단위요소(코드)	**수행준거**
전신 딥클렌징하기(1201010204_03.14v2)	3.1. 전신 피부 유형별 딥클렌징 제품을 선택할 수 있다.
	3.2. 딥클렌징 제품의 특성에 따라 전신 피부유형에 맞게 적용하여 사용할 수 있다.
	3.3. 해당 미용기기를 활용할 수 있다.

수업내용	전신 딥클렌징하기1
수업 방법/기자재 및 매체	• 피부미용에 사용되는 기본 화장품 • 냉·온 타월 • 피부관리 비품 • 피부관리 제품 • 온장고, 냉장고 • 자외선 소독기

(7)주차 학습내용	
관련 능력단위요소(코드)	**수행준거**
전신 딥클렌징하기(1201010204_03.14v2)	3.1. 전신 피부 유형별 딥클렌징 제품을 선택할 수 있다.
	3.2. 딥클렌징 제품의 특성에 따라 전신 피부유형에 맞게 적용하여 사용할 수 있다.
	3.3. 해당 미용기기를 활용할 수 있다.

수업내용	전신 딥클렌징하기2
수업활동	강의(이론 및 실습)
수업 방법/기자재 및 매체	• 피부미용에 사용되는 기본 화장품 • 냉·온 타월 • 피부관리 비품 • 피부관리 제품 • 온장고, 냉장고 • 자외선 소독기

(8)주차 학습내용	
관련 능력단위요소(코드)	수행준거
몸매분석하기(1201010204_01.14v2)	1.1. 고객의 현재 몸매 상태를 파악할 수 있다.
	1.2. 선천적 몸매와 잘못된 습관에 의해 만들어진 몸매를 구분할 수 있다.
	1.3. 몸매 부위별 문제점을 파악하고 부위별 체형에 대해 분류 할 수 있다.
	1.4. 분석결과에 따라 전신관리 계획을 수립할 수 있다.
전신 클렌징하기(1201010204_02.14v2)	2.1. 전신부위별 피부유형에 따라 클렌징 방법과 제품을 선택할 수 있다.
	2.2. 전신피부유형에 맞는 제품과 테크닉으로 클렌징 할 수 있다.
	2.3. 온습포 또는 경우에 따라 냉습포로 닦아내고 토닉으로 정리할 수 있다.
전신 딥클렌징하기(1201010204_03.14v2)	3.1. 전신 피부 유형별 딥클렌징 제품을 선택할 수 있다.
	3.2. 딥클렌징 제품의 특성에 따라 전신 피부유형에 맞게 적용하여 사용할 수 있다.
	3.3. 해당 미용기기를 활용할 수 있다.

수업내용	몸매분석하기, 전신클렌징하기, 전신딥클렌징하기
수업활동	직무수행능력평가
수업 방법/기자재 및 매체	• 피부미용에 사용되는 기본 화장품 • 냉·온 타월 • 피부관리 비품 • 피부관리 제품 • 온장고, 냉장고 • 자외선 소독기

<table>
<tr><th colspan="3">(9)주차 학습내용</th></tr>
<tr><th colspan="2">관련 능력단위요소(코드)</th><th>수행준거</th></tr>
<tr><td colspan="2" rowspan="3">등 관리하기(1201010204_04.14v2)</td><td>4.1. 등 피부유형에 맞는 제품을 선택할 수 있다.</td></tr>
<tr><td>4.2. 등의 상태를 파악하고 목적에 맞는 매뉴얼테크닉을 적용할 수 있다.</td></tr>
<tr><td>4.3. 시간, 속도, 리듬, 밀착, 세기를 고려하여 등 매뉴얼 테크닉을 구사할 수 있다.</td></tr>
<tr><th>수업내용</th><td colspan="2">등관리하기1(매뉴얼 테크닉)</td></tr>
<tr><th>수업활동</th><td colspan="2">강의(이론 및 실습)</td></tr>
<tr><th>수업 방법/기자재 및 매체</th><td colspan="2">• 피부미용에 사용되는 기본 화장품
• 냉·온 타월
• 피부관리 비품
• 피부관리 제품
• 온장고, 냉장고
• 자외선 소독기</td></tr>
<tr><th colspan="3">(10)주차 학습내용</th></tr>
<tr><th colspan="2">관련 능력단위요소(코드)</th><th>수행준거</th></tr>
<tr><td colspan="2" rowspan="3">등 관리하기(1201010204_04.14v2)</td><td>4.1. 등 피부유형에 맞는 제품을 선택할 수 있다.</td></tr>
<tr><td>4.2. 등의 상태를 파악하고 목적에 맞는 매뉴얼테크닉을 적용할 수 있다.</td></tr>
<tr><td>4.3. 시간, 속도, 리듬, 밀착, 세기를 고려하여 등 매뉴얼 테크닉을 구사할 수 있다.</td></tr>
<tr><th>수업내용</th><td colspan="2">등관리하기1(매뉴얼 테크닉)</td></tr>
<tr><th>수업 방법/기자재 및 매체</th><td colspan="2">• 피부미용에 사용되는 기본 화장품
• 냉·온 타월
• 피부관리 비품
• 피부관리 제품
• 온장고, 냉장고
• 자외선 소독기</td></tr>
<tr><th colspan="3">(11)주차 학습내용</th></tr>
<tr><th colspan="2">관련 능력단위요소(코드)</th><th>수행준거</th></tr>
<tr><td colspan="2" rowspan="2">복부 관리하기(1201010204_05.14v2)</td><td>5.1. 고객의 복부상태에 따른 금기사항을 파악할 수 있다.</td></tr>
<tr><td>5.2. 복부 피부유형에 맞는 제품을 선택할 수 있다.</td></tr>
</table>

관련 능력단위요소(코드)	수행준거
복부 관리하기(1201010204_05.14v2)	5.3. 복부의 상태를 파악하고 목적에 맞는 복부 매뉴얼테크닉을 적용할 수 있다.
	5.4. 시간, 속도, 리듬, 밀착, 세기를 고려하여 복부 매뉴얼테크닉을 구사할 수 있다.

수업내용	복부관리하기1(매뉴얼테크닉)
수업활동	강의(이론 및 실습)
수업 방법/기자재 및 매체	• 피부미용에 사용되는 기본 화장품 • 냉·온 타월 • 피부관리 비품 • 피부관리 제품 • 온장고, 냉장고 • 자외선 소독기

(12)주차 학습내용

관련 능력단위요소(코드)	수행준거
복부 관리하기(1201010204_05.14v2)	5.1. 고객의 복부상태에 따른 금기사항을 파악할 수 있다.
	5.2. 복부 피부유형에 맞는 제품을 선택할 수 있다.
	5.3. 복부의 상태를 파악하고 목적에 맞는 복부 매뉴얼테크닉을 적용할 수 있다.
	5.4. 시간, 속도, 리듬, 밀착, 세기를 고려하여 복부 매뉴얼테크닉을 구사할 수 있다.

수업내용	복부관리하기2(매뉴얼테크닉)
수업활동	강의(이론 및 실습)
수업 방법/기자재 및 매체	• 피부미용에 사용되는 기본 화장품 • 냉·온 타월 • 피부관리 비품 • 피부관리 제품 • 온장고, 냉장고 • 자외선 소독기

(13)주차 학습내용

관련 능력단위요소(코드)	수행준거
등 관리하기(1201010204_04.14v2)	4.1. 등 피부유형에 맞는 제품을 선택할 수 있다.
	4.2. 등의 상태를 파악하고 목적에 맞는 매뉴얼테크닉을 적용할 수 있다.
	4.3. 시간, 속도, 리듬, 밀착, 세기를 고려하여 등 매뉴얼 테크닉을 구사할 수 있다.

복부 관리하기(1201010204_05.14v2)	5.1. 고객의 복부상태에 따른 금기사항을 파악할 수 있다. 5.2. 복부 피부유형에 맞는 제품을 선택할 수 있다. 5.3. 복부의 상태를 파악하고 목적에 맞는 복부 매뉴얼테크닉을 적용할 수 있다. 5.4. 시간, 속도, 리듬, 밀착, 세기를 고려하여 복부 매뉴얼테크닉을 구사할 수 있다.
수업내용	등관리하기, 복부관리하기
수업활동	직무수행능력평가
수업 방법/기자재 및 매체	• 피부미용에 사용되는 기본 화장품 • 냉·온 타월 • 피부관리 비품 • 피부관리 제품 • 온장고, 냉장고 • 자외선 소독기

(14)주차 학습내용	
관련 능력단위요소(코드)	**수행준거**
전신관리 마무리하기(1201010204_10.14v2)	10.1. 전신관리가 끝난 후 토닉으로 피부정리를 할 수 있다. 10.2. 고객의 전신 피부유형에 따른 기초화장품류를 선택할 수 있다. 10.3. 해당부위에 맞는 제품을 선택 후 특성에 따라 적용할 수 있다. 10.4. 피부손질이 끝난 후 전신을 가볍게 이완할 수 있다.
수업내용	전신관리 마무리하기
수업활동	진단평가 강의(이론 및 실습)
수업 방법/기자재 및 매체	• 피부미용에 사용되는 기본 화장품 • 냉·온 타월 • 피부관리 비품 • 피부관리 제품 • 온장고, 냉장고 • 자외선 소독기

(15)주차 학습내용	
(16)주차 학습내용	
관련 능력단위요소(코드)	수행준거
등 관리하기(1201010204_04.14v2)	4.1. 등 피부유형에 맞는 제품을 선택할 수 있다.
	4.2. 등의 상태를 파악하고 목적에 맞는 매뉴얼테크닉을 적용할 수 있다.
	4.3. 시간, 속도, 리듬, 밀착, 세기를 고려하여 등 매뉴얼 테크닉을 구사할 수 있다.
복부 관리하기(1201010204_05.14v2)	5.1. 고객의 복부상태에 따른 금기사항을 파악할 수 있다.
	5.2. 복부 피부유형에 맞는 제품을 선택할 수 있다.
	5.3. 복부의 상태를 파악하고 목적에 맞는 복부 매뉴얼테크닉을 적용할 수 있다.
	5.4. 시간, 속도, 리듬, 밀착, 세기를 고려하여 복부 매뉴얼테크닉을 구사할 수 있다.
전신관리 마무리하기(1201010204_10.14v2)	10.1. 전신관리가 끝난 후 토닉으로 피부정리를 할 수 있다.
	10.2. 고객의 전신 피부유형에 따른 기초화장품류를 선택할 수 있다.
	10.3. 해당부위에 맞는 제품을 선택 후 특성에 따라 적용할 수 있다.
	10.4. 피부손질이 끝난 후 전신을 가볍게 이완할 수 있다.

수업내용	등관리하기, 복부관리하기, 전신관리 마무리하기
수업활동	직무수행능력평가
수업 방법/기자재 및 매체	• 피부미용에 사용되는 기본 화장품 • 냉·온 타월 • 피부관리 비품 • 피부관리 제품 • 온장고, 냉장고 • 자외선 소독기

※ **비정규과정** : 심화 평가/향상 평가(재평가) 및 외부산업체 인사(현장전문가)특강

[20 학년도 학기]

실험·실습 계획서

담당교수 : (인)

교과목명	체형관리	이수구분	전선	학점	2
대상학과	피부미용전공	대상학년	1	시수 (이론/실습시간)	3 (1 / 2)

주	실험·실습 내용	사용기자재 및 물품	소모품 및 수량
1	오리엔테이션 몸매분석하기	• 피부미용에 사용되는 기본 화장품 • 냉·온 타월 • 피부관리 비품 • 피부관리 제품 • 온장고, 냉장고 • 자외선 소독기	1. 관리사의 외모, 베드 정리, 웨건 정리 2. 2인 1조 상호 실시 3. 온습포 정리 4. 마무리
2	몸매분석하기	• 피부미용에 사용되는 기본 화장품 • 냉·온 타월 • 피부관리 비품 • 피부관리 제품 • 온장고, 냉장고 • 자외선 소독기	1. 관리사의 외모, 베드 정리, 웨건 정리 2. 2인 1조 상호 실시 3. 온습포 정리 4. 마무리
3	몸매분석하기	• 피부미용에 사용되는 기본 화장품 • 냉·온 타월 • 피부관리 비품 • 피부관리 제품 • 온장고, 냉장고 • 자외선 소독기	1. 관리사의 외모, 베드 정리, 웨건 정리 2. 2인 1조 상호 실시 3. 온습포 정리 4. 마무리
4	전신 클렌징하기1	• 피부미용에 사용되는 기본 화장품 • 냉·온 타월 • 피부관리 비품 • 피부관리 제품 • 온장고, 냉장고 • 자외선 소독기	1. 관리사의 외모, 베드 정리, 웨건 정리 2. 2인 1조 상호 실시 3. 온습포 정리 4. 마무리

주	실험·실습 내용	사용기자재 및 물품	소모품 및 수량
5	전신 클렌징하기2	• 피부미용에 사용되는 기본 화장품 • 냉·온 타월 • 피부관리 비품 • 피부관리 제품 • 온장고, 냉장고 • 자외선 소독기	1. 관리사의 외모, 베드 정리, 웨건 정리 2. 2인 1조 상호 실시 3. 온습포 정리 4. 마무리
6	전신 딥클렌진하기1	• 피부미용에 사용되는 기본 화장품 • 냉·온 타월 • 피부관리 비품 • 피부관리 제품 • 온장고, 냉장고 • 자외선 소독기	1. 관리사의 외모, 베드 정리, 웨건 정리 2. 2인 1조 상호 실시 3. 온습포 정리 4. 마무리
7	전신 딥클렌징하기2	• 피부미용에 사용되는 기본 화장품 • 냉·온 타월 • 피부관리 비품 • 피부관리 제품 • 온장고, 냉장고 • 자외선 소독기	1. 관리사의 외모, 베드 정리, 웨건 정리 2. 2인 1조 상호 실시 3. 온습포 정리 4. 마무리
8	직무수행평가1	• 피부미용에 사용되는 기본 화장품 • 냉·온 타월 • 피부관리 비품 • 피부관리 제품 • 온장고, 냉장고 • 자외선 소독기	1. 관리사의 외모, 베드 정리, 웨건 정리 2. 2인 1조 상호 실시 3. 온습포 정리 4. 마무리
9	등 관리하기	• 피부미용에 사용되는 기본 화장품 • 냉·온 타월 • 피부관리 비품 • 피부관리 제품 • 온장고, 냉장고 • 자외선 소독기	1. 관리사의 외모, 베드 정리, 웨건 정리 2. 2인 1조 상호 실시 3. 온습포 정리 4. 마무리
10	등 관리하기	• 피부미용에 사용되는 기본 화장품 • 냉·온 타월 • 피부관리 비품 • 피부관리 제품 • 온장고, 냉장고 • 자외선 소독기	1. 관리사의 외모, 베드 정리, 웨건 정리 2. 2인 1조 상호 실시 3. 온습포 정리 4. 마무리

주	실험·실습 내용	사용기자재 및 물품	소모품 및 수량
11	복부 관리하기	• 피부미용에 사용되는 기본 화장품 • 냉·온 타월 • 피부관리 비품 • 피부관리 제품 • 온장고, 냉장고 • 자외선 소독기	1. 관리사의 외모, 베드 정리, 웨건 정리 2. 2인 1조 상호 실시 3. 온습포 정리 4. 마무리
12	복부 관리하기	• 피부미용에 사용되는 기본 화장품 • 냉·온 타월 • 피부관리 비품 • 피부관리 제품 • 온장고, 냉장고 • 자외선 소독기	1. 관리사의 외모, 베드 정리, 웨건 정리 2. 2인 1조 상호 실시 3. 온습포 정리 4. 마무리
13	직무수행평가2 등 관리하기 복부 관리하기	• 피부미용에 사용되는 기본 화장품 • 냉·온 타월 • 피부관리 비품 • 피부관리 제품 • 온장고, 냉장고 • 자외선 소독기	1. 관리사의 외모, 베드 정리, 웨건 정리 2. 2인 1조 상호 실시 3. 온습포 정리 4. 마무리
14	전신관리 마무리하기	• 피부미용에 사용되는 기본 화장품 • 냉·온 타월 • 피부관리 비품 • 피부관리 제품 • 온장고, 냉장고 • 자외선 소독기	
15	보강		
16	직무수행평가3 등 관리하기 복부 관리하기 전신관리 마무리하기	• 피부미용에 사용되는 기본 화장품 • 냉·온 타월 • 피부관리 비품 • 피부관리 제품 • 온장고, 냉장고 • 자외선 소독기	1. 관리사의 외모, 베드 정리, 웨건 정리 2. 2인 1조 상호 실시 3. 온습포 정리 4. 마무리

[20 학년도 학기]

평가 계획서

<table>
<tr><th>교과목명</th><td>체형관리</td><th>담당교수</th><td colspan="2"></td></tr>
<tr><th>관련직무명</th><td>02.피부미용</td><th>능력단위명
(능력단위코드)</th><td colspan="2">전신관리
(1201010204_14v2)</td></tr>
<tr><th rowspan="3">평가개요</th><th>구 분</th><th>배 점</th><th colspan="2">평가개요</th></tr>
<tr><td>진단평가 1</td><td>-</td><td colspan="2">지식, 기술, 태도에 대한 개념이 있는지 평가한 후 학생수준에 맞춰 교육하도록 한다.
[지식]
• 전신 피부미용관리에 관한 지식
• 위생과 소독 방법
• 전신피부유형에 관한 지식
[기술]
• 테크닉 능력
• 위생관리 능력
• 습포사용 능력
[태도]
• 고객이 편안히 이완할 수 있도록 배려하려는 의지
• 위생적으로 고객을 배려하려는 의지
• 고객의 반응을 살피려는 의지</td></tr>
<tr><td>진단평가 2</td><td>-</td><td colspan="2">체형관리 한 학기 배운 지식, 기술, 태도에 대한 교육내용을 평가한다.
[지식]
• 전신 피부미용관리에 관한 지식
• 위생과 소독 방법
• 전신피부유형에 관한 지식
[기술]
• 테크닉 능력
• 위생관리 능력
• 습포사용 능력
[태도]
• 고객이 편안히 이완할 수 있도록 배려하려는 의지
• 위생적으로 고객을 배려하려는 의지
• 고객의 반응을 살피려는 의지</td></tr>
</table>

평가개요	평가	비율	내용
평가개요	직무수행능력평가 1	30%	몸매분석하기, 바디 클렌징하기, 바디 딥 클렌징에 대한 지식을 평가한다.
	직무수행능력평가 2	20%	
	직무수행능력평가 3	30%	
	출석평가	20%	지각 3회 결석 1회/ 결석 4회부터 F처리됨.

평가항목	평가내용 및 방법

진단평가 1

- **평가내용**
  1. 전신피부유형에 맞는 제품을 선택하여 클렌징, 딥클렌징 테크닉을 할 수 있는가?
  2. 등, 복부의 상태를 파악하고 목적에 맞는 매뉴얼테크닉을 적용할 수 있는가?
  3. 온습포 또는 경우에 따라 냉습포를 닦아내고 토닉을 정리할 수 있는가?
  4. 피부손질이 끝난 후 전신을 가볍게 이완할 수 있는가?
  5. 고객이 편안히 이완할 수 있도록 배려하려는 의지(관리 전 준비사항)가 있는가?
  6. 위생적으로 고객을 배려하기 위해 소독 및 위생적으로 할 수 있는가?
- **평가시기** : 1주차
- **영역별 평가내용**

영역 (능력단위요소)	진단문항	자가진단		
		높음	보통	낮음
등 관리하기	4.1. 등 피부유형에 맞는 제품을 선택할 수 있다.			
	4.2. 등의 상태를 파악하고 목적에 맞는 매뉴얼테크닉을 적용할 수 있다.			
	4.3. 시간, 속도, 리듬, 밀착, 세기를 고려하여 등 매뉴얼 테크닉을 구사할 수 있다.			
복부 관리하기	5.1. 고객의 복부상태에 따른 금기사항을 파악할 수 있다.			
	5.2. 복부 피부유형에 맞는 제품을 선택할 수 있다.			
	5.3. 복부의 상태를 파악하고 목적에 맞는 복부 매뉴얼테크닉을 적용할 수 있다.			
	5.4. 시간, 속도, 리듬, 밀착, 세기를 고려하여 복부 매뉴얼테크닉을 구사할 수 있다.			

진단평가 1

영역 (능력단위요소)	진단문항	자가진단		
		높음	보통	낮음
전신관리 마무리하기	10.1. 전신관리가 끝난 후 토닉으로 피부정리를 할 수 있다.			
	10.2. 고객의 전신 피부유형에 따른 기초화장품류를 선택할 수 있다.			
	10.3. 해당부위에 맞는 제품을 선택 후 특성에 따라 적용할 수 있다.			
	10.4. 피부손질이 끝난 후 전신을 가볍게 이완할 수 있다.			

- **평가방법** : 자가진단 체크리스트
- **평가시 고려사항**

  [지식]
  - 전신 피부미용관리에 관한 지식
  - 위생과 소독 방법
  - 전신피부유형에 관한 지식

  [기술]
  - 테크닉 능력
  - 위생관리 능력
  - 습포사용 능력

  [태도]
  - 고객이 편안히 이완할 수 있도록 배려하려는 의지
  - 위생적으로 고객을 배려하려는 의지
  - 고객의 반응을 살피려는 의지
- **평가 결과 활용 계획 :** 학생 수준에 맞춰서 강의하여 학생들이 체형관리를 자신감있게 실무에 적용할 수 있도록 한다.

진단평가 2

- **평가내용**
  1. 고객의 현재 몸상태를 파악할 수 있는가?
  2. 전신피부유형에 맞는 제품을 선택하여 클렌징, 딥클렌징 테크닉을 할 수 있는가?
  3. 등·복부의 상태를 파악하고 목적에 맞는 매뉴얼테크닉을 적용할 수 있는가?
  4. 온습포 또는 경우에 따라 냉습포를 닦아내고 토닉을 정리할 수 있는가?
  5. 피부손질이 끝난 후 전신을 가볍게 이완할 수 있는가?
  6. 고객이 편안히 이완할 수 있도록 배려하려는 의지(관리 전 준비사항)가 있는가?
  7. 위생적으로 고객을 배려하기 위해 소독 및 위생적으로 할 수 있는가?
- **평가시기** : 14주차
- **평가방법** : 자가진단 체크리스트

<table>
<tr><td>진단평가 2</td><td>

• **평가 시 고려사항**
[지식]
- 전신 피부미용관리에 관한 지식
- 위생과 소독 방법
- 전신피부유형에 관한 지식
[기술]
- 테크닉 능력
- 위생관리 능력
- 습포사용 능력
[태도]
- 고객이 편안히 이완할 수 있도록 배려하려는 의지
- 위생적으로 고객을 배려하려는 의지
- 고객의 반응을 살피려는 의지
• **평가 결과 활용 계획 :** 한 학기 강의한 내용을 학생들이 체형관리에 대한 지식, 기술, 태도를 자가 진단하여 수행하여 실무에 적용 할 수 있도록 한다.

</td></tr>
<tr><td>출석평가</td><td>지각, 결석, 조퇴, 유고 등 학교규정에 따라 처리됨</td></tr>
<tr><td>직무능력평가 1</td><td>

• **평가내용** : 몸매분석하기, 바디 클렌징하기, 바디 딥클렌징
• **평가시기** : 8주차
• **영역별 평가내용**

<table>
<tr><th colspan="3">능력단위요소 및 수행준거</th></tr>
<tr><td colspan="2">몸매분석하기</td><td>12</td></tr>
<tr><td rowspan="4">수행준거</td><td>1.1. 고객의 현재 몸매 상태를 파악할 수 있다.</td><td></td></tr>
<tr><td>1.2. 선천적 몸매와 잘못된 습관에 의해 만들어진 몸매를 구분할 수 있다.</td><td></td></tr>
<tr><td>1.3. 몸매 부위별 문제점을 파악하고 부위별 체형에 대해 분류할 수 있다.</td><td></td></tr>
<tr><td>1.4. 분석결과에 따라 전신관리 계획을 수립할 수 있다.</td><td></td></tr>
<tr><td colspan="2">전신 클렌징하기</td><td>9</td></tr>
<tr><td rowspan="3">수행준거</td><td>2.1. 전신부위별 피부유형에 따라 클렌징 방법과 제품을 선택할 수 있다.</td><td></td></tr>
<tr><td>2.2. 전신피부유형에 맞는 제품과 테크닉으로 클렌징 할 수 있다.</td><td></td></tr>
<tr><td>2.3. 온습포 또는 경우에 따라 냉습포로 닦아내고 토닉으로 정리할 수 있다.</td><td></td></tr>
<tr><td colspan="2">전신 딥클렌징하기</td><td>9</td></tr>
<tr><td rowspan="3">수행준거</td><td>3.1. 전신 피부 유형별 딥클렌징 제품을 선택할 수 있다.</td><td></td></tr>
<tr><td>3.2. 딥클렌징 제품의 특성에 따라 전신 피부유형에 맞게 적용하여 사용할 수 있다.</td><td></td></tr>
<tr><td>3.3. 해당 미용기기를 활용할 수 있다.</td><td></td></tr>
<tr><td colspan="2">계</td><td>30</td></tr>
</table>

• **평가방법** : 기타

</td></tr>
</table>

직무능력평가 2

- **평가시기** : 13주차
- **영역별 평가내용**

능력단위요소 및 수행준거		
등 관리하기		5
수행준거	4.2. 등의 상태를 파악하고 목적에 맞는 매뉴얼테크닉을 적용할 수 있다.	
	4.3. 시간, 속도, 리듬, 밀착, 세기를 고려하여 등 매뉴얼 테크닉을 구사할 수 있다.	
복부 관리하기		9
수행준거	5.1. 고객의 복부상태에 따른 금기사항을 파악할 수 있다.	
	5.3. 복부의 상태를 파악하고 목적에 맞는 복부 매뉴얼테크닉을 적용할 수 있다.	
	5.4. 시간, 속도, 리듬, 밀착, 세기를 고려하여 복부 매뉴얼테크닉을 구사할 수 있다.	
계		**14**

지식/기술/태도(K/S/A/T)		배점
등 관리하기		3
지식	• 근골격계·해부생리 • 기초화장품 종류·성분 및 사용법 • 매뉴얼 테크닉에 관한 지식 • 위생소독 방법 • 피부관리에 관한 지식 • 피부미용기기에 관한 지식 • 피부에 관한 지식	
복부 관리하기		3
지식	• 근골격계·해부생리 • 기초화장품 종류 및 성분 • 매뉴얼 테크닉에 관한 지식 • 위생소독 방법 • 피부관리에 관한 지식 • 피부미용기기에 관한 지식 • 피부에 관한 지식	
계		**6**

직무능력평가 3

- **평가시기** : 16주차
- **영역별 평가내용**

능력단위요소 및 수행준거		
등 관리하기		8
수행준거	4.1. 등 피부유형에 맞는 제품을 선택할 수 있다.	
	4.2. 등의 상태를 파악하고 목적에 맞는 매뉴얼테크닉을 적용할 수 있다.	
	4.3. 시간, 속도, 리듬, 밀착, 세기를 고려하여 등 매뉴얼 테크닉을 구사할 수 있다.	

<table>
<tr><td rowspan="12">직무능력평가 3</td><td colspan="2">복부 관리하기</td><td>12</td></tr>
<tr><td rowspan="4">수행준거</td><td>5.1. 고객의 복부상태에 따른 금기사항을 파악할 수 있다.</td><td></td></tr>
<tr><td>5.2. 복부 피부유형에 맞는 제품을 선택할 수 있다.</td><td></td></tr>
<tr><td>5.3. 복부의 상태를 파악하고 목적에 맞는 복부 매뉴얼테크닉을 적용할 수 있다.</td><td></td></tr>
<tr><td>5.4. 시간, 속도, 리듬, 밀착, 세기를 고려하여 복부 매뉴얼테크닉을 구사할 수 있다.</td><td></td></tr>
<tr><td colspan="2">전신관리 마무리하기</td><td>10</td></tr>
<tr><td rowspan="4">수행준거</td><td>10.1. 전신관리가 끝난 후 토닉으로 피부정리를 할 수 있다.</td><td></td></tr>
<tr><td>10.2. 고객의 전신 피부유형에 따른 기초화장품류를 선택할 수 있다.</td><td></td></tr>
<tr><td>10.3. 해당부위에 맞는 제품을 선택 후 특성에 따라 적용할 수 있다.</td><td></td></tr>
<tr><td>10.4. 피부손질이 끝난 후 전신을 가볍게 이완할 수 있다.</td><td></td></tr>
<tr><td colspan="2">계</td><td>30</td></tr>
<tr><td colspan="3"></td></tr>
<tr><td>향상/심화계획</td><td colspan="3">직무수행평가 완료 후 60점 미만인 학생들에게 수행함</td></tr>
</table>

체형관리 실습서

CHAPTER

01 해부생리학

1 골격계

1) 골격의 개요

인체의 골격은 206개의 뼈들로 구성되어 있으며 23개의 두개골, 24개의 늑골, 26개 척주골, 64개 상지골, 62개의 하지골, 6개의 이소골이다. 체간골격은 두개골, 설골, 이소골, 척주, 흉골, 늑골이 속하며 체지 골격으로 상지골과 하지골이 있다.

골격은 골격 자체보다 5배나 무게가 더 나가는 620개의 근육과 기관들을 직립 상태로 유지하여 준다. 뼈는 근육이나 인대의 부착부가 될 뿐만 아니라 여러 개의 뼈가 모여 빈자리를 마련하여 그 속에 장기를 보호해 준다. 뼈와 근육의 관계는 대형 범선의 돛대와 돛대를 묶어주고 있는 로프의 역할과 같다. 강한 바람이 불고 바다의 파도가 높을 경우 옛날의 대형 범선들에 로프가 없었다면 돛대는 부러졌을 것이다. 인체도 마찬가지이다.

사람에게도 근육이 없다면 외부의 물리적 충격을 흡수하지 못하여 뼈가 쉽게 부러질 수 있다. 근육이 있어 신체를 다시 똑바로 세울 수 있는 것이다. 근육은 신체를 똑바로 세우는 일 외에도 여러 가지 일을 한다. 예컨대, 높이뛰기, 윗몸 일으키기, 탭 댄스나 피아노 연주 같은 동작을 할 수 있게 해준다.

뼈는 바깥은 치밀하지만 속은 작은 구멍이 무수히 있다. 통닭을 먹을 때 닭 뼈를 깨물어보라. 처음엔 딱딱하지만 곧 아삭아삭 소리가 나며 부서진다. 뼈의 겉은 단단하고 속은 스펀지 같기 때문이다. 뼈의 겉엔 작은 구멍이 난 작은 껍질들이 붙어 있는데 혈관과 신경이 이곳을 통해 들어온다. 신경은 통증을 전달한다. 즉 "뼈를 깎는 아픔이다"라는 표현은 신경을 통해 고통이 전달되기 때문이다. 뼈는 지상에서 가장 "오래가는" 물질 중의 하나이다. 습기에 침식되는 쇠나 풍화에 약한 돌보다도 훨씬 변화되기 어렵다. 10년 전의 살인사건이 뜻밖에 땅 속에서 나온 해골에 의해 시효 전에 범인이 잡혔다는 이야기도 내구성이 강한 뼈 덕택이며, 100만 년 전 인간의 뼈가 출토되어 인류의 조상에 관한 연구가 진척되는 것도 놀라운 뼈의 내구성에 연유한다. 사람은 죽은 뒤 적어도 뼈를 남기는 것이다.

2) 골격

골격계는 체중의 15%를 차지하며 뼈, 연골, 인대, 관절을 총칭하는 것으로 뼈는 자연의 가장 완벽한 창조물에 속한다. 뼈는 비슷한 양의 철근 콘크리트에 비해 4배의 내구력을 가지고 있으며 같은 무게의 알루미늄이나 가벼운 강철과 비슷한 내구력을 지니고 있다.

건물이나 다리를 세우려면 먼저 철근으로 조립해야 한다. 그 다음엔 철근 주위에 시멘트를 부어 단단히 고정시킴으로써 강도를 유지하면서도 흔들림에 견딜 수 있는 구조물을 만들 수 있다. 속에 철근이 없다면 시멘트는 쉽게 무너질 것이다. 또 시멘트 없이 철근만으로는 약해서 전체 부하를 지탱하지 못하고 휘어져 버릴 것이다. 그래서 뼈가 있는 것이다. 뼈는 기본적으로 칼슘과 단백질이 혼합된 것이지만 진정한 장점은 뼈가 살아 있다는 것이다. 골격은 다른 인체조직과 마찬가지로 끊임없이 분해되고 재생된다.

인체가 성장할수록 골격도 성숙한 인체에 적합하도록 그 모양과 상대적 크기가 변화된다. 뼈는 부러져도 재생할 능력을 갖고 있다. 팔다리 등을 이루는 긴뼈는 17~21세까지 계속 길어지고 굵어져서 어른의 체형을 완성한다. 다양한 모양의 척추뼈들과 그 사이에 끼여 있는 질기고 탄력 있는 연골판들이 층층이 쌓여 척추를 이룬다. 디스크는 격렬한 운동을 할 때, 척추에 가해지는 힘을 흡수하는 완충장치이지만, 서서히 약해져 빠져 나올 수도 있다. 허리 부분의 디스크가 빠져나와 그 뒤의 신경을 누르면 다리에 통증이 나타날 수 있는데, 이를 “좌골 신경통”이라 부른다.

뼈의 뛰어난 내구력과 가벼운 성질은 뼈 속에 규칙적으로 결정체 상태로 빽빽하게 들어차있는 칼슘과 인 원자들의 결합 방식 때문이다. 자연의 모든 물질들 가운데 가장 단단한 다이아몬드와 같은 결정체 구조이다. 뼈는 이러한 결정체 구조를 가지고 있기 때문에 단단한 것이다. 불행하게도 뼈의 결정체는 약간의 결함을 가지고 있다. 뼈는 자체가 구부러지지 않는다. 그런데 몸을 굽힐 수 있는 것은 관절이라고 하는 뼈와 뼈를 이어주는 이음매가 있기 때문이다.

뼈와 뼈는 인대(靭帶)로 연결되어 있고, 또 뼈와 근육은 “건(腱, 힘줄)”이라는 것으로 연결되어 있다. 그래서 근육이 늘어나거나 줄어들거나 하면서 손이나 발 등을 움직이게 하는 것이다. 손은 관절이 많기 때문에 물건을 잡거나 비틀거나 하는 복잡한 운동을 할 수 있다. 인체에서 가장 튼튼한 힘줄은 발꿈치의 힘줄로 “아킬레스건(Achilles Tendon)”이라 한다.

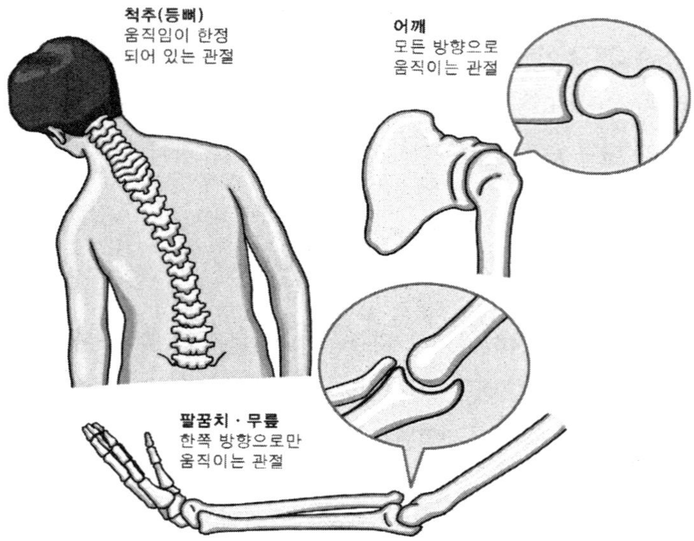

〈관절 운동〉

손가락 중 엄지손가락은 두 개, 다른 손가락은 세 개의 뼈로 이어져 있다. 또 손바닥도 작은 뼈들이 모인 것이다. 이 가운데 엄지는 다른 손가락에 비해 아주 잘 움직일 수 있으며 다른 손가락과 마주 보고 있다. 사람은 손가락을 이처럼 잘 움직일 수 있기 때문에 물건을 꽉 쥘 수 있다. 그러나 갓난아기 시절 손가락을 자유롭게 움직일 수 없기 때문에 물건을 잘 쥐지 못한다.

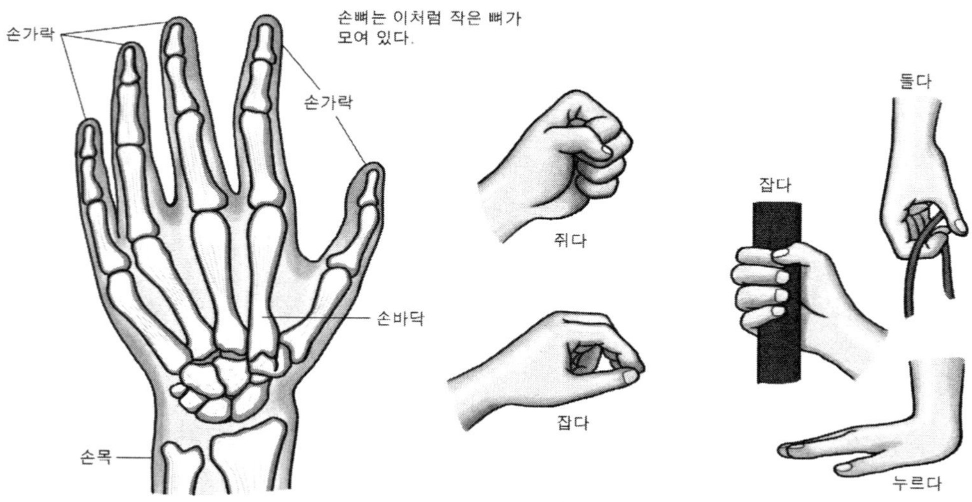

〈손뼈의 구조〉

인체의 골격은 대체로 무게가 9kg 정도 밖에 되지 않지만, 뼈들은 신체를 바로 서게 하고 걷게 하는 등 많은 역할을 한다. 뼈들은 인체의 내부 기관들을 보호한다. 즉 두개골은 뇌를 안전하게 보호하며 흉곽은 심장과 폐를 감싸준다. 특정한 뼈들의 내부에 있는 골수는 인체 전반에 산소와 영양분을 운반하는 적혈구들을 생산하며 다른 뼈들에 있는 골수는 해로운 박테리아를 파괴하는 백혈구들을 대량으로 만들어낸다. 그 밖에도 뼈들은 부상당했을 때 흉터를 남기지 않고 저절로 아물기도 한다.

뼈에는 아주 작은 수많은 구멍들과 통로들이 벌집 모양으로 나있다. 통로에는 뼈에 매우 중요한 산소와 영양분을 공급하는 신경들과 혈관들이 퍼져 있다. 단단한 뼈를 절단해 보면 해면질의 침상골을 에워싸서 보호하고 있는 원통과 뼈 중앙에는 끈적끈적한 물질이 있음을 알 수 있다. 이 물질이 골수로서 병균 따위의 감염에 대항하는 백혈구들과 산소를 운반하는 적혈구들을 생산한다. 또한 뼈는 지혈을 돕는 혈소판을 만든다. 따라서 무기력하게 보이는 뼈는 이와 같이 인체에서 가장 활발하게 움직이는 부분들 가운데 하나다.

(1) 뼈의 기능

치아를 제외하고는 뼈가 인체구조 중 가장 단단하다. 뼈는 서로 견고하게 연결된 섬유조직으로 구성되어 있으며 약 3분의 1은 유기물질, 3분의 2는 무기물질로 구성되어 있다. 골격조직은 인체의 물리적 기초로 모양이 다른 뼈가 서로 연결되어 있다. 뼈의 기능은 신체의 모양과 힘을 주고 상처로부터 조직을 보호하며 근육의 부속물로써 이를 돕는다. 또한 모든 신체운동의 지렛대 역할을 한다.

(2) 뼈의 구조

뼈는 복잡한 미세구조로 이루어져 있으며, 전반적으로 속이 빈 관 모양이다. 관의 겉면은 치밀한 구조이지만 속은 스펀지 같다. 가느다란 기둥들이 불규칙한 벌집 모양의 구조를 이루며, 기둥 사이의 작은 공간에서 혈액 세포들이 생산된다. 뼈는 강철보다 가볍지만 더 튼튼하다. 속이 꽉 찬 강철보다 속이 비어있는 강철이 부러지기 어렵고 가볍다.

뼈의 표면을 싸고 있는 질긴 두 겹의 섬유막을 골막이라 하는데 뼈를 보호하고 영양을 공급하며 재생 및 성장을 담당한다. 골막이 비후될 경우 뼈의 부피는 증가하게 되는 것으로 혈관, 림프관 등이 존재한다. 골단(骨端)은 긴뼈의 양쪽 끝에 공 모양으로 둥글게 되어 있는 부분으로, 뼈의 끝부분으로 대부분 초자연골(Hyaline Cartilage, 일명 '관절연골')로 되어있으며 뼈의 연령 판정 시 이용된다. 골단이 비후되는 것은 뼈의 길이 성장을 일으켜 결과적으로 키가 성장한다.

뼈의 안쪽은 해면질(Spongy Substance)과 치밀질(Compact Substance)의 두 부분으로 이루어져 있다. 해면질은 뼈의 중간층으로 뼈의 내부를 이루며, 구멍이 많이 뚫려있어 마치 해면(海綿)모양을 하고 있고 부서지기 쉬우며 혈관이 많다. 부드러운 조직으로 외부의 스트레스에 대해 저항할 수 있게 한다. 치밀질은 뼈의 외부를 이루는 견고한 부분을 말하고 혈관이 적다. 골막은 모세혈관과 신경 섬유가 많이 분포되어 있고 뼈를 보호하며 뼈의 성장(굵기)에 관여한다. 그러니까 뼈의 제일 바깥쪽은 골막, 그 안쪽은 치밀골 또 그 안쪽은 해면골이다. 치밀골과 해면골에는 칼슘이 많이 들어 있다. 칼슘, 인, 비타민은 성장판의 연골을 경골로 만드는 데 도움이 된다. 해면골과 골수강의 경계막인 골내막은 세망조직으로 뼈의 형성과 조혈능이 잠재적으로 있으며 골수강은 골수가 들어있다. 골수에서는 간세포라는 세포 생산의 기원이 되는 세포로써 적혈구와 백혈구를 만들며 어느 세포로든 분화가능한 만능 세포이다. 골수는 적골수(赤骨髓, Red Bone Marrow)와 황골수(黃骨髓, Yellow Bone Marrow) 두 종류가 있으며 일생동안 적골수로 있는 뼈는 흉골, 늑골, 골반골, 척추로 조혈(造血)작용을 한다.

뼈의 단면은 관절연골과 성장판으로 되어 있으며 단단한 경골과 물렁한 연골로 나눌 수 있다. 팔뼈와 다리뼈는 경골이며 귓바퀴와 코뼈 등은 연골이다. 뼈와 뼈 사이에도 연골이 존재하는데 연골은 젤라틴을 많이 포함하고 있어서 부드럽다. 한참 자라는 뼈의 끝부분에는 연골 조직인 성장판이 있으며 뼈가 길고 굵어지면 연골이 딱딱해져서 경골이 되는 것이다. 따라서 키의 성장은 성장판의 연골에 달려있다.

뼈의 성장은 성장호르몬이 깊숙이 관여하고 있는데 성장호르몬은 20대에 분비량이 최고조에 이른 후 30대부터 해마다 1.44%씩 감소하므로 60대가 되면 20대의 절반수준이 된다. 성인은 갱년기 이후 성장호르몬을 잘 관리하여야 하며 근력강화운동과 유산소 운동을 통하여 호르몬이 잘 분비되도록 하는 것이 효과적이다.

뼈 질환이 생기는 시기는 여성의 폐경기이며, 골다공증이 많이 발생한다. 사람의 뼈는 어릴적 뼈로 끝까지 유지하는 것이 아니라 생성과 흡수를 반복하며 생장한다. 여성호르몬인 에스트로겐은 뼈의 칼슘성분이 혈액으로 흡수되는 것을 막아주는 역할을 하므로 단단한 뼈를 유지할 수 있으나 폐경이 되어 에스트로겐의 생성이 급격이 줄어들어 골다공증이 생기는 것이다.

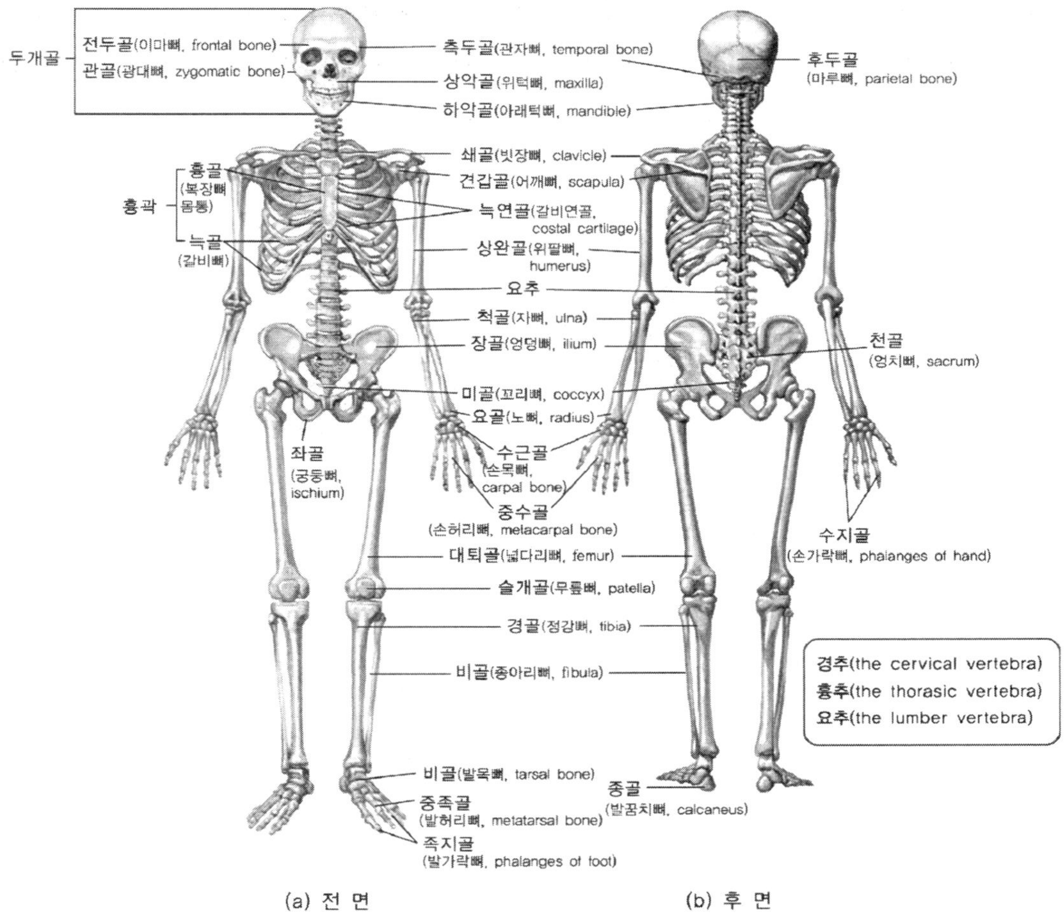

〈전신뼈의 구조〉

(3) 뼈의 종류

① **장골(Long Bone)** : 긴 관상의 뼈(대퇴골, 상완골), 골수강을 형성하여 관상골 이라고도 한다.

② **단골(Short Bone)** : 짧고 골수강이 없는 뼈(수근골, 족근골), 내, 외면이 치밀골로 되어 있다.

③ **편평골(Flat Bone)** : 넓적한 뼈(두정골, 흉골) 골수강이 없으며 내외면이 치밀골로 되어 있고 해면골이 발달되어 있으며 적골수가 존재한다.

④ **불규칙골(Irregular Bone)** : 모양이 일정하지 않은 뼈(추골, 협골)

⑤ **함기골(Air Bone)** : 뼈 속에 공기를 형성하고 있는 뼈(전두골, 상악골, 사골, 접형골, 측두골)

⑥ **봉합골(Suture Bone)** : 두개골 사이에 존재하는 뼈(봉합사이골)

⑦ **종자골(Sesamoid Bone)** : 건과 뼈가 마주치는 곳에서 건을 보강하고 있는 식물의 종자모양의 작은 뼈(슬개골)

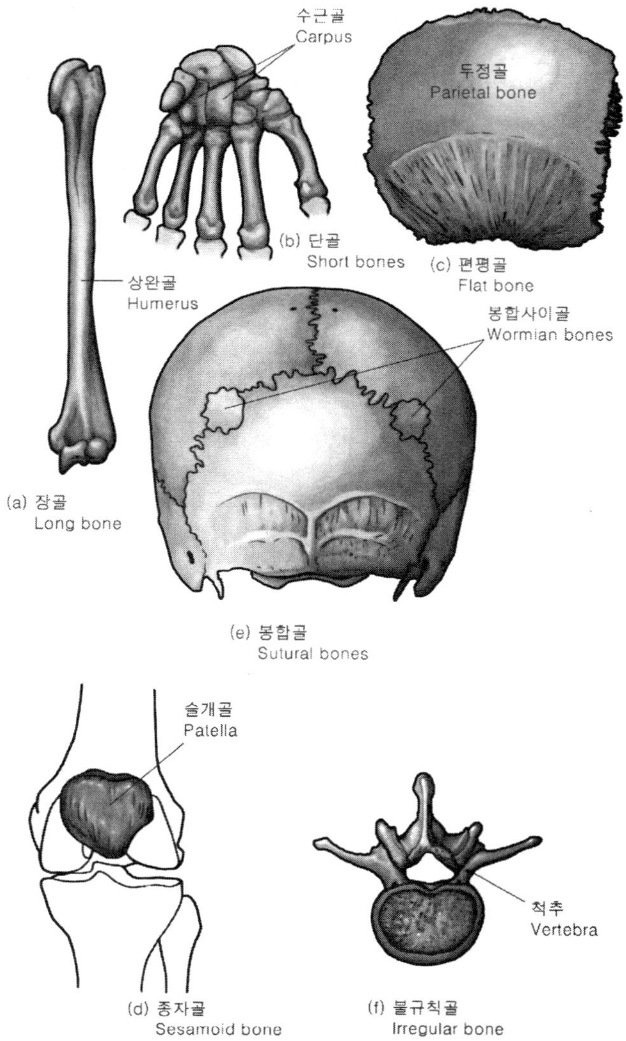

〈골의 형태별 분류〉

2 근육계

1) 근육의 개요

표피, 진피, 피하 지방층의 하부에서 피부를 지탱하고 있는 것이 근육이다. 만약 기초를 형성하는 근육이 약해진다면 어떻게 될까? 토대가 튼튼하지 않은 곳에 집을 지으면 큰 충격이 가해질 경우 집이 무너지고 말 것이다. 비싼 화장품을 바른다고 해도 근육까지는 영향을 줄 수는 없다. 따라서 마사지가 필요한 것이다. 그런데 근육은 사용하지 않고 방치해두면 딱딱하게 굳어 버린다. 근육이 굳어지면 혈액의 흐름 또한 둔화되고 점차 산소나 영양분의 피부 흡수가 약화된다. 그 결과 혈색은 나빠지고 피부는 처지게 된다. 마치 갓 쳐낸 떡은 탄력이 있어 손으로 누르면 탄력이 있어 원래의 상태로 돌아오지만, 오래 방치해두면 딱딱하게 굳어버려 원래 상태로 돌아가기 어려운 것과 같다. 피부 처짐이나 주름을 개선할 목적으로 실시한 마사지가 오히려 역효과를 가져오는 경우도 있다. 근육의 방향을 무시한 마사지는 위험하다.

근육세포로 이루어진 근육은 뼈세포로 이루어진 뼈를 움직인다. 근육을 어떻게 움직이라고 지시하는 것은 신경세포이다. 근육은 신체가 변화하고 행동하는 다양한 움직임이 일어나는 신축성 있는 섬유조직이다. 근육조직이 활동하기 위해 골격과 신경조직에 의지한다. 근육 조직은 뼈대를 지탱하고 골격모양을 형성해주며 골격을 둘러싸 줌으로써 우리 몸을 보호한다. 근육계는 크고 작은 620개의 근육으로 있으며 인체의 40~50%의 무게를 차지한다. 근육은 몸을 지탱하거나 움직일 때 필요하다. 특히 사람처럼 두 발로 걷는 동물에게 다리는 전신의 무게를 지탱하기 때문에 매우 중요하다. 근육은 형태에 따라 골격근과 평활근, 심장근으로 구분하며 수의근(隨意筋, Voluntary Muscle)과 불수의근(不隨意筋, Involuntary Muscle)으로 나눌 수 있다. 수의근이라 함은 말 그대로 내 의지대로 움직일 수 있는 근육을 말하는 것으로, 예컨대 손가락, 발가락, 팔다리, 목 등 일반적인 신체 근육을 말한다. 반대로 불수의근은 내 마음대로 움직일 수 없는 근육을 말한다. 이 불수의근 가운데 대표적인 근육이 바로 심장근육이다. 심장은 내가 멈추고 싶다고 해서 멈추어지지 않는 것이다.

근육은 수 천 개의 근섬유로 이루어져 있으며 근막이란 질긴 막으로 둘러 싸여 있다. 근막의 바깥층은 근상막이라 하고 질긴 강한 끈과 같은 조직부위를 건(腱, 힘줄, Tendon)이라 한다. 예를 들면, 팔 알통의 앞부분을 짚으면 단단하게 짚어지는 근육이 만져지는데, 이것이 바로 '건(Tendon)'이다. 우리 몸 가운데 가장 큰 건은 발목 뒤에 있는 아킬레스건(Achilles tendon)이다. 이곳이 손상되면 걷지 못하게 된다.

한편, 근섬유는 세포핵이 한 개 이상이며 근초라는 세포막에 싸여 있으며 내부에는 T세관이 존재한다. 근섬유는 근원섬유라는 긴 원통의 구조가 모여서 이루어져 있으며 근원섬유의 근절이라는 수축성 단위는 근육 운동이 가능하게 만드는 구조이다. 근절은 Z선에서 Z선까지를 하나의 단위로 보며 그 안에서 액틴과 마이오신 필라멘트가 배열되어 있다. 이 두 가지의 필라멘트는 수축 시 미끄러져 들어가 근육의 길이가 짧아지게 된다. 마이오신 필라멘트의 머리와 액틴 필라멘트의 연결고리가 만나고 분리되는 것을 돕는 역할을 하는 것이 아데노신3인산염(ATP)이다.

2) 근육의 종류

(1) 수의근

얼굴, 팔, 다리의 근육처럼 의지에 의해 마음대로 움직일 수 있는 근육으로, 수의근의 근섬유는 가로무늬근이라고도 한다. 그러나 예외로 심장근은 가로 무늬가 있어도 수의근이 아니다. 수의근의 운동은 불수의근보다 빠르다. 수의근이라 해도 골격근 등은 근육무리로써 움직일 수 있으나 개개의 근육은 따로따로 움직이게 할 수 없다.

(2) 불수의근

위장, 내장과 같이 의지에 관계없이 그 기능을 발휘하는 비수의근이다. 내장의 벽을 만드는 근 등이 이에 속하고, 대개 민무늬근(平滑筋, Smooth Muscle)이다. 일반적으로 수의근에 비해 운동속도가 늦고, 호르몬이나 신경의 조절에 따라 움직이며, 긴장의 상태에 따라 움직이는 정도가 달라진다.

(3) 근육의 자극

근육조직은 화학적, 물리적 작용이나 열, 빛, 광선 등에 의해서 자극을 받는다. 다시 말해서 특정 산이나 염 등의 화학성분, 마사지, 고주파나 저주파 등의 전류, 적외선과 같은 광선, 열 램프나 열 마스크 등의 열선, 스팀이나 온습포 등의 습열에 의해서 신경계통을 통해 신경이 자극을 받게 되면 근육조직도 자극을 받는다.

옛날에는 어깨 결림이나 요통이라는 질병으로 인류의 80% 이상이 어떤 형태로든 고통을 당하고 있었다. 그런데 이 어깨 결림이나 요통이 통증을 일으키고 있을 때 환부의 근육이나 근막(근육을 싸고 있는 막, 혈관이나 신경이 지나가고 있음)에 염증이 생겨 근육이 긴장되어 근육이나 근막내의 혈액순환이 나빠진다.

혈액을 듬뿍 빨아들인 근육을 해면에 비유한다면, 근육이 긴장된 상태란 혈액을 쭉 짜낸 상태라고 생각할 수 있다. 이렇게 되면 염증을 일으키고 있는 근육이나 근막은 지각신경의 영양부족 상태가 된다. 그러면 이 부분에 있는 지각신경도 영양부족의 영향을 받아 뇌를 향하여 위험신호를 보내게 된다. 이 신호로 뇌에서 아프다고 하는 신호로 받아들여지는 것이다.

만약 전형적인 근육들을 대각선으로 베어보면 그 단면이 전화선과 비슷한 형태를 하고 있음을 알 수 있다. 그 내부에는 보다 가는 섬유 다발이 있으며 각각의 다발에는 더욱 가는 케이블이 들어 있다. 처음 접하게 되는 근의 가장 큰 다발은 신경, 모세혈관 및 결합조직이 들어 있는 근섬유로 구성되어 있다. 각각의 근 섬유는 근원섬유(Myofibril)라고 불리는 보다 가느다란 섬유들로 되어 있다. 또한 각각의 근원섬유에는 마이오신(Myosin, 굵은 실)과 액틴(Actin, 가는 실)이라는 근단백질을 함유하고 있는 서로 엇갈린 근필라멘트가 늘어서 있다. 사람이 나이를 먹으면 뼈를 움직이는 횡문근을 이루는 탄력성이 있는 섬유들은 섬유증으로 알려진 과정을 통하여 결합섬유들로 서서히 대체된다. 이 새로운 결합조직은 튼튼하지만 탄력성은 없다. 이런 이유로 늙으면 체력이 떨어지면서 근육의 반응이 느려지게 된다.

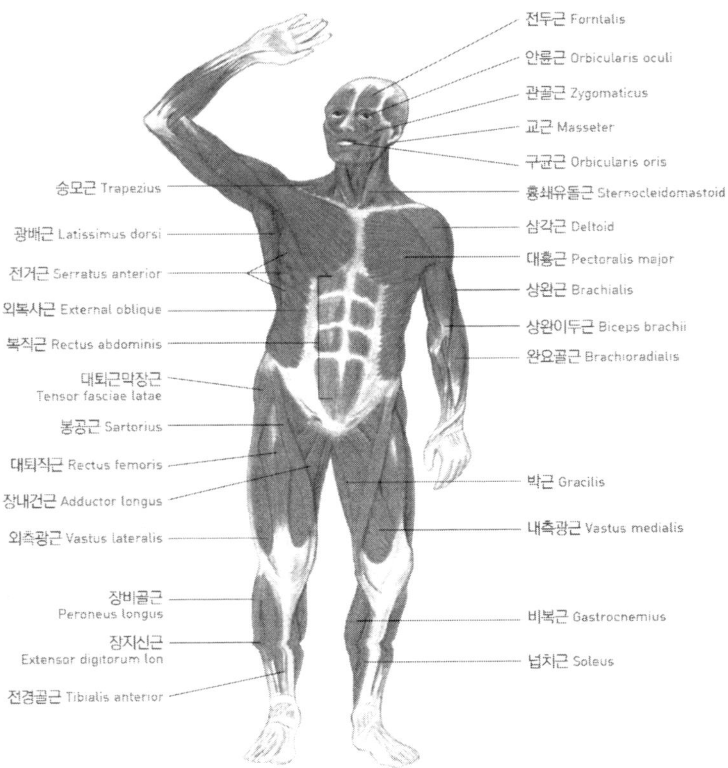

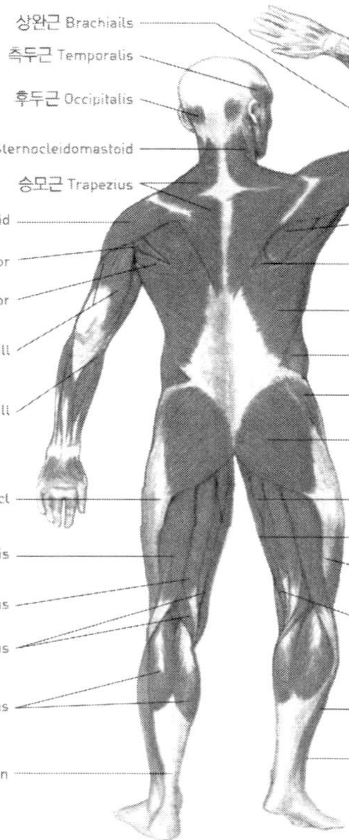

〈전신에 존재하는 여러 가지 근육〉

3 전신의 근육

마사지를 효과적으로 잘 하기 위해서는 머리, 얼굴, 목, 팔, 손 등에 있는 수의근에 대해 잘 알고 있어야 한다. 이와 같은 근육은 어디에 위치하며 무엇을 조절하는지 기본적으로 알고 마사지를 실시해야 한다.

1) 두피의 근육

(1) 후두전두근(後頭前頭筋)

두개골의 상부를 차지하는 넓은 근육이다. 이것은 두 부분으로 구성되어 있다.

(2) 후두근(後頭筋)

머리 뒷부분을 차지한다.

(3) 전두근(前頭筋)

머리 앞부분으로 눈썹을 치켜 올리고 두피를 앞으로 잡아 당겨서 이마를 가로 지르는 주름살이 생기게 한다. 전두근과 후두근은 모두 건막이라고 불리는 건에 의해 연결되어 있다.

(4) 건막(腱膜)

교원섬유 덩어리로 이루어진 섬유막으로 전두근과 후두근 사이에 넓게 걸쳐 있다.

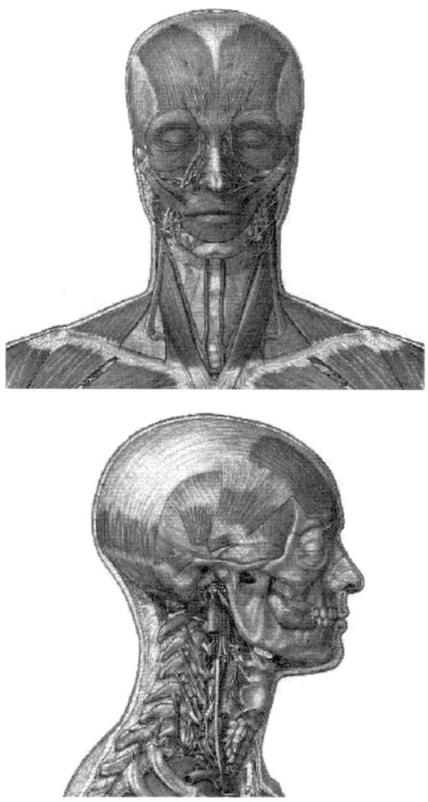

〈모상건막〉

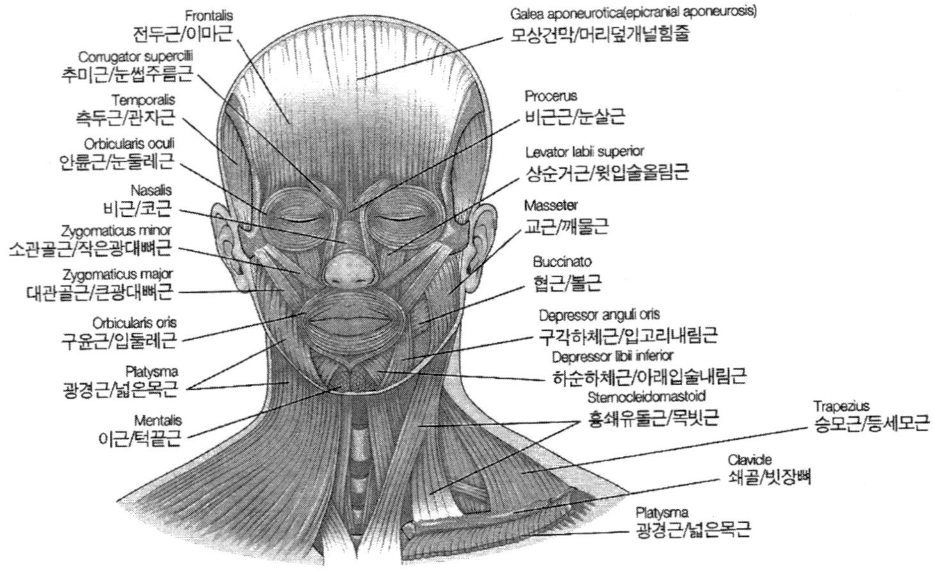

〈얼굴의 전면근육〉

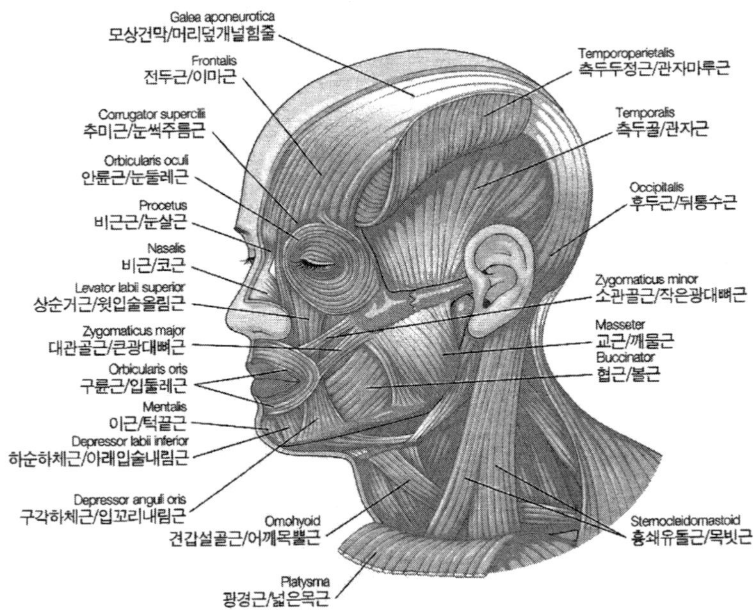

〈얼굴 측면근육〉

2) 눈썹의 근육

(1) 안륜근

안구의 가장자리를 둘러싸고 있으며 눈을 감거나 깜빡 거릴 수 있게 한다.

(2) 추미근

전두근과 안륜근 아래에 있으며 눈썹을 아래와 안쪽으로 잡아당긴다. 이것은 수직선상의 주름을 만들어서 찌푸리는 인상을 짓게 한다. 이마에 주름을 형성한다.

(3) 상안검거근

안검상부에 정지하여 눈을 뜨게 한다.

(4) 미모하체근

눈썹을 밑으로 당기는 근으로 눈물이 나올 때 작용한다.

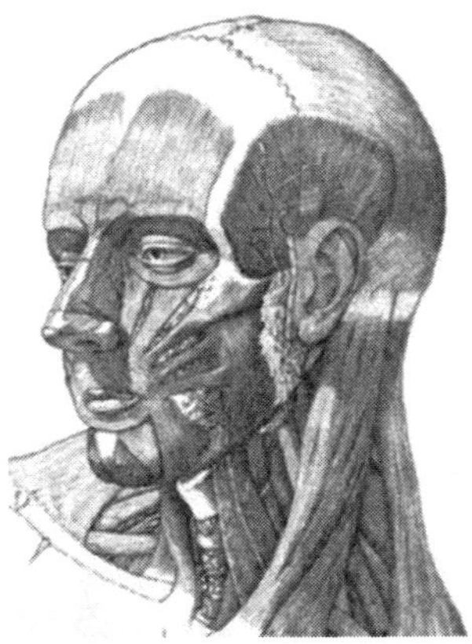

〈추미근〉

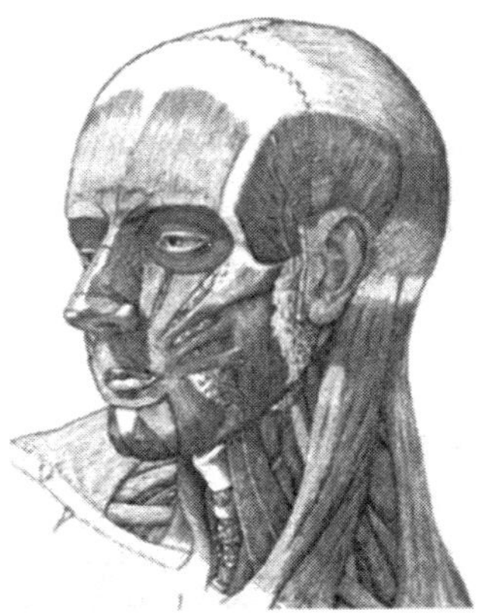

〈안륜근〉

3) 코의 근육

(1) 비근

코의 상단을 덮고 있으며 눈썹을 내려오게 하고 콧대를 가로지르는 주름살을 만든다.

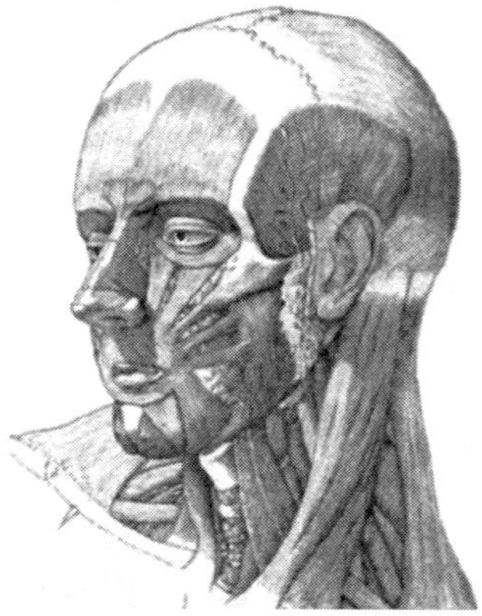

〈비근〉

4) 입의 근육

(1) 상순거근

세부분으로 구성되어 있으며 입술의 윗부분으로 감싸주고 닫았다 열었다 할 수 있게 한다.

(2) 상순비익거근

윗입술을 위로 당겨 코의 주름을 짓게 한다. 협골뼈(광대뼈)에서 입가에까지 뻗어 있다. 크게 웃을 때 사용된다. 관골근이라고도 한다.

(3) 대관골근

구각을 위쪽으로 당겨서 웃는 표정을 만든다.

(4) 구각하체근

입술 아랫부분을 둘러싸고 있다. 구각(입꼬리)을 아래로 끌어 내려주게 한다.

(5) 협근

입안에 공기를 담을 수 있게 해주어, 풍선을 힘껏 불 때도 이용된다. “볼근”이라고도 한다.

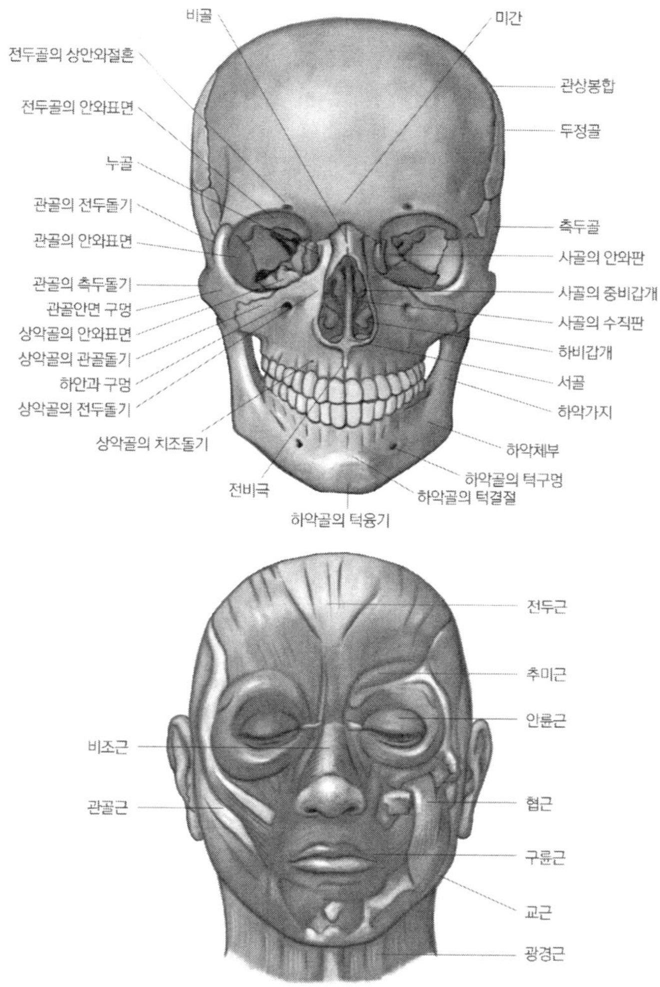

〈안면골과 안면근〉

(6) 구각거근

입의 각도를 올려준다. 입을 크게 벌릴 수 있게 해준다. 견치(犬齒)근이라고도 한다.

(7) 이근

턱 끝에 위치하며 턱 끝의 주름을 지게 한다.

(8) 구륜근

입을 다물게 하며 음식물을 먹을 때 밖으로 나오는 것을 막아주며, 촛불을 끄거나 휘

파람을 불 때도 이용된다. “입둘레근”이라고도 한다.

(9) 소관골근

구각(口角)에 부착된 근육으로 씩 웃음을 짓게 한다.

(10) 소근

구각을 바깥쪽으로 당겨 보조개를 만든다.

(11) 하순하체근

아랫입술을 밑으로 당긴다.

5) 저작근

음식물을 씹을 수 있도록 하는 근육으로 아래턱을 잡아당기며 인체에서 가장 강한 근육이다.

(1) 교근

어금니를 깨물 때 느낄 수 있는 인체에서 가장 강한 근육으로 아래턱을 위로 당긴다.

(2) 측두근

머리의 외측으로 입을 벌리고 다무는데 교근과 협동작용을 한다.

(3) 내측익돌근

하악골을 위로 당겨준다.

(4) 외측익돌근

양쪽 작용 시 하악골을 앞으로 당기며 턱을 열게 하고 한쪽 작용 시 턱이 좌우로 움직일 수 있다.

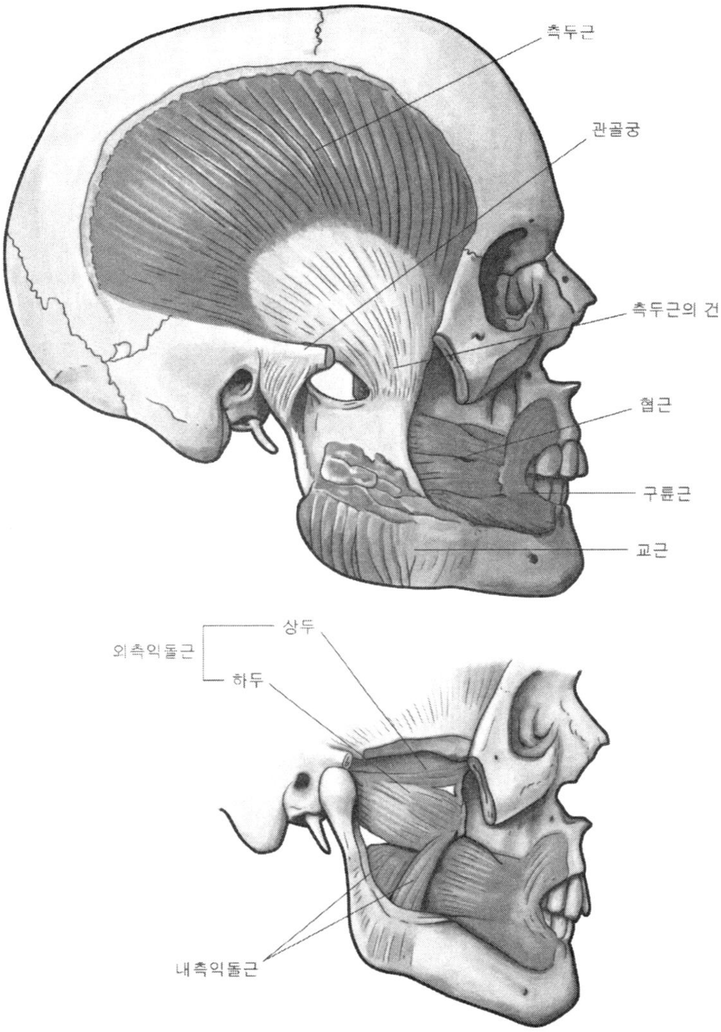

〈저작근〉

6) 귀의 근육

(1) 상이개근

귀 위쪽에 위치한다.

(2) 후이개근

귀 뒤쪽에 위치한다.

(3) 전이개근

귀 앞쪽에 위치한다.

7) 목의 근육

(1) 광경근

목 부위 전역에 퍼져 있는 얇고 광범위한 넓은 목근으로 목에 주름을 만들게 한다.

(2) 흉쇄유돌근

흉골과 쇄골에서 귀 뒤쪽까지 뻗은 것으로 머리를 회전할 수 있게 한다.

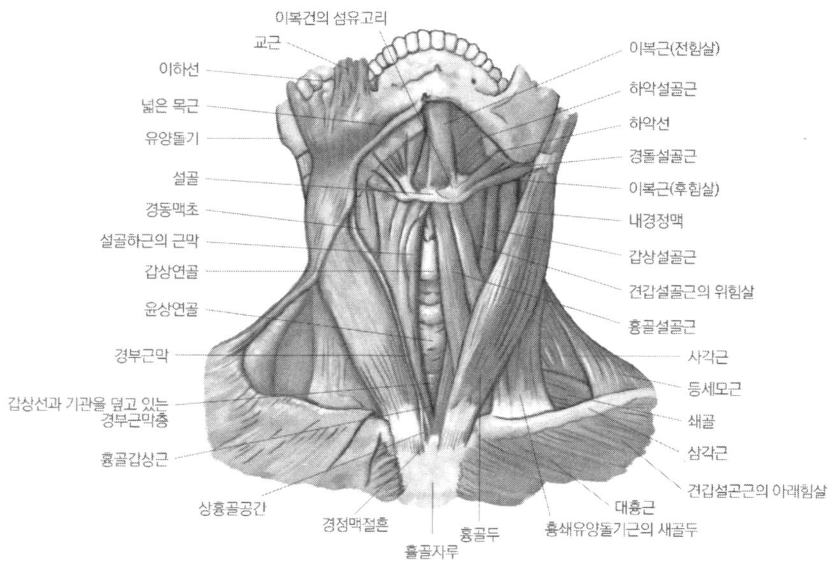

〈목 근육〉

8) 체간근육

체간을 구성하는 근육은 호흡근육, 복부근육, 척추근육, 골반 부위를 형성하는 근육이다.

(1) 호흡근육

외늑간근, 내늑간근은 늑골사이에 있는 근육으로 흉강을 넓히고 조인다. 횡격막은 복강과 흉강을 분리하는 반구형 모양의 근육으로 흡기근육이다.

(2) 배근

등 쪽의 근육으로 척주에서 상지를 연결하는 천배근, 등 쪽의 깊은 곳에 있는 심배근, 후두골과 제2경추를 연결하는 후두하근이 있다.

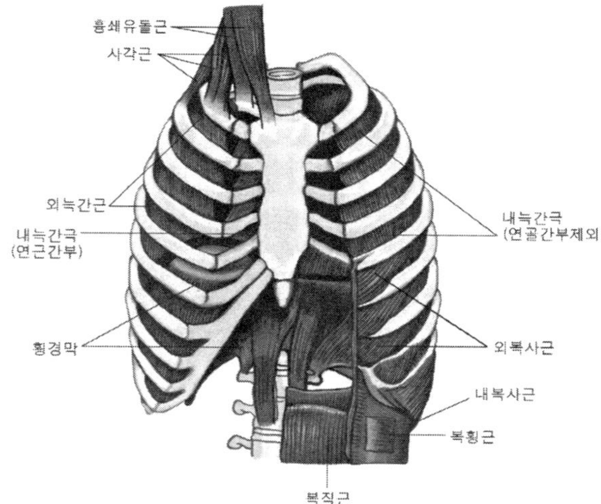

〈호흡에 관여하는 근육〉

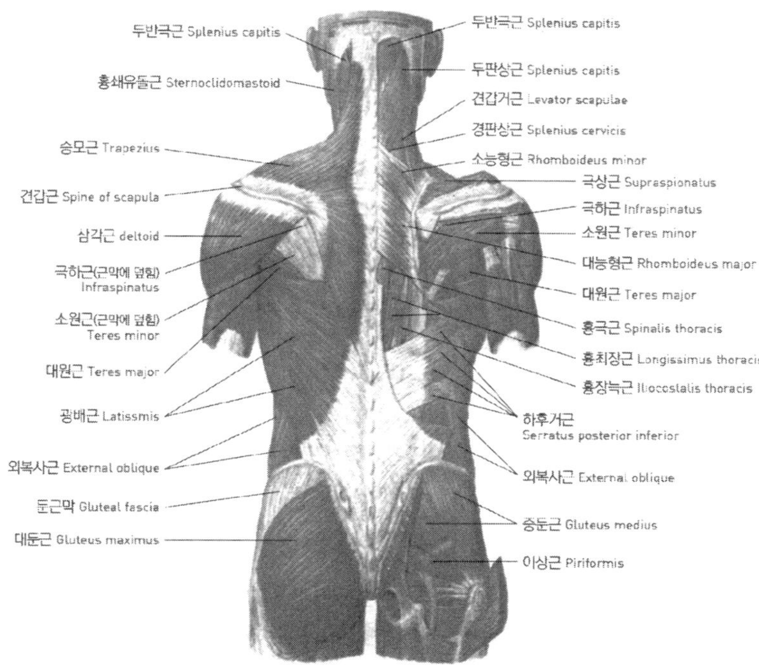

〈등 근육〉

(3) 복부근육

복벽을 강하게 만드는 근육이다.

* 외복사근, 내복사근 : 척주의 회전과 굴곡을 담당하며 복부의 장기를 압박한다.
* 복횡근 : 외복사근과 내복사근을 도와주는 근육이다.
* 복직근 : 복직근과 함께 복직근초에 싸여있다. 복직근의 중앙에 해당하는 선으로 혈관과 신경의 분포가 적은 백선을 긴장시키는 근육이다.

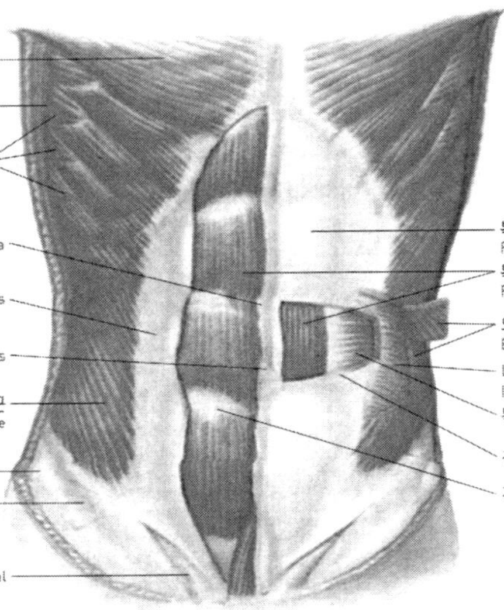

복부의 근

〈복부의 근육〉

(4) 척추근육

척추에 부착된 근육으로 척추 운동에 관여한다.

척추신전근은 등 쪽에 위치하여 신체를 앞으로 기울일 때 잡아주는 작용과 물건을 들어 올리는 작용을 하며 척추기립근이라고도 한다.

척추 회전근은 척추뼈 하나하나를 불안정하지 않도록 즉, 흔들리거나 밀리지 않도록 잡아주는 역할을 한다.

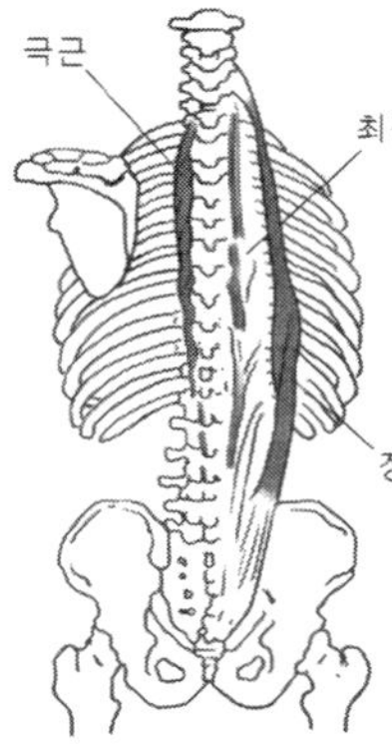

[척추신전근-등근육]

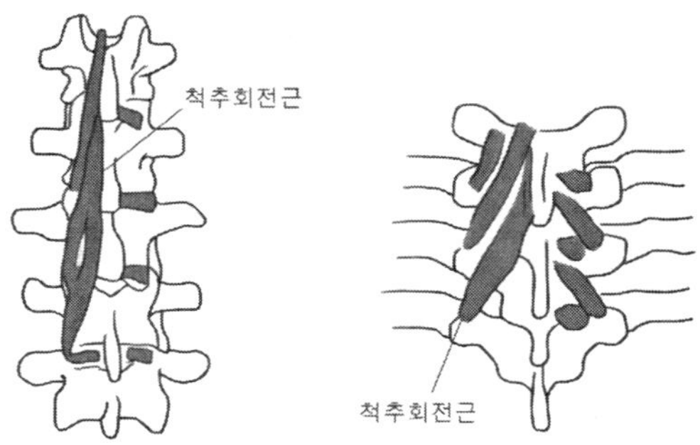

[척추회전근-척추 심부근육]

〈척추 근육〉

(5) 반저근육

골반내장을 지지하고 생식기의 기능을 보조하여 허리의 커브를 유지해주는 근육을 장요근이라 하며 척추의 앞쪽을 지지한다. 허리와 골반의 안정성은 요방형근이 요부의 양 옆에서 허리가 골반위에서 독립적으로 유연성 있게 움직일 수 있도록 도와준다.

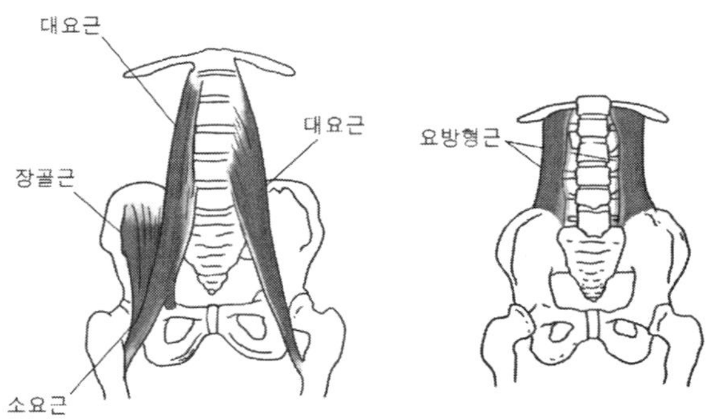

〈반저근육〉

9) 신체에서 팔로 부착된 근육

신체에서 팔로 부착되어 있으며 어깨와 팔을 움직이게 하는 기본적인 근육은 다음과 같다.

(1) 승모근

후방에 목과 어깨에 위치한다. 등 마사지를 실시할 때 풀어주어야 하는 근육의 하나이다. 하늘을 쳐다보게 하는 근육이다.

(2) 광배근

목 뒤와 등 위쪽 중간 부분을 차지하고 있다. 어깨의 견갑골을 돌리고 팔을 휘두르는 동작을 조절한다.

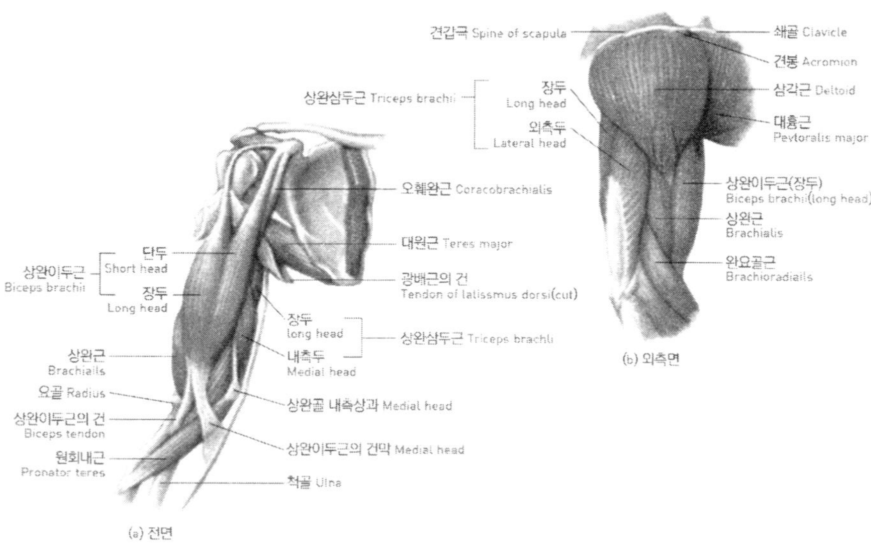

〈신체에서 팔로 부착된 근육(승모근, 광배근)〉

10) 어깨, 팔, 손의 근육

(1) 어깨의 근육

근육은 움직임에 따라 명칭을 달리하며 회내근은 손을 안쪽으로 돌려서 손바닥이 아래로 향하게 할 때 사용된다. 회외근은 손을 바깥쪽으로 돌려 손바닥이 위로 향하게 할 때 쓰인다. 굴근은 손목과 같이 근육을 수축시켜 구부리게 하는 근육이다. 신근은 일직선상으로 손목, 손, 손가락을 쭉 펴게 한다. 관절을 뻗게 하는 근육이다.

① **삼각근** : 크고 두꺼우며 삼각형 모양의 근육으로 어깨를 덮고 있으며 팔을 들어 올리고 돌리는 역할을 한다.

② **견갑하근** : 위쪽 팔을 안쪽으로 돌리고 뻗게 하는 근육이다.
③ **극상근** : 위쪽 팔을 바깥쪽으로 돌리고 뻗게 하며 팔을 올려주는 근육이다.
④ **극하근** : 위쪽 팔을 바깥쪽으로 돌리고 뒤로 당기게 하는 근육이다.
⑤ **소원근** : 위팔의 안쪽으로 신장시키며 바깥쪽 회전을 하며 뒤로 당기게 하는 근육이다.
⑥ **대원근** : 위팔의 안쪽 신전과 안쪽회전을 하는 근육이다.

(2) 팔의 근육

① 상완의 근

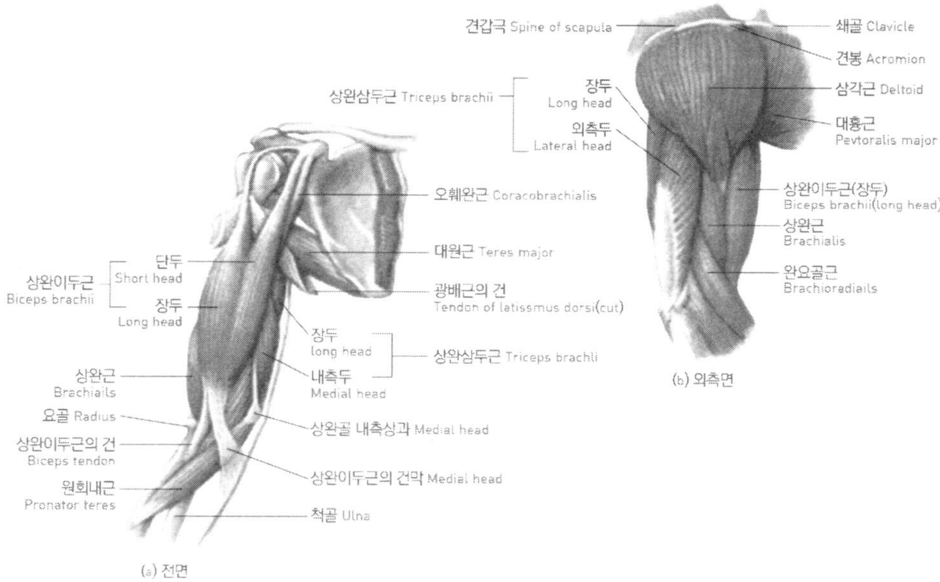

〈상완의 근〉

㉠ 상완이두근 : 위쪽 팔 앞부분에 있는 상부가 두 부분으로 되어 있는 중요한 근육이다. 앞팔을 들어 올리고 팔꿈치를 굽히고 손바닥을 아래로 뻗게 한다.

ⓐ 상완삼두근 : 위팔의 뒷부분을 전체적으로 덮고 있으며 앞 팔의 앞부분까지 뻗어 있는 상부가 세부분으로 되어 있는 근육이다.

ⓑ 상완근 : 상완골의 전체에 기시하며 상완이두근 밑에 위치하고 있다. 전완의 굴곡에 관여한다.

ⓒ 오훼완근 : 상완의 안쪽 신전과 굴곡에 관여하며 상완의 내면 중앙부에 위치한다.

ⓓ 주근 : 전완의 신전에 관여한다.

② 전완의 근

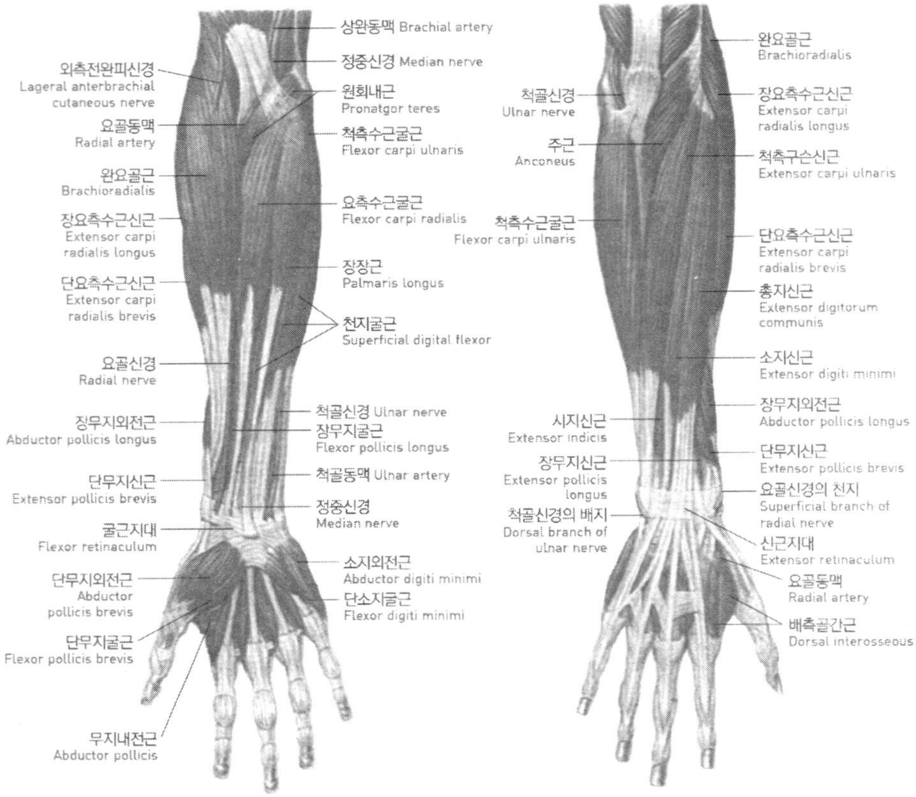

〈전완의 근〉

㉠ 굴근

ⓐ 원회내근, 방형회내근 : 전완의 안쪽 신전운동을 한다.

ⓑ 장무지굴근 : 무지의 굴곡에 관여한다.

ⓒ 천지굴근, 심지굴근 : 제2-5지의 굴곡에 관여한다.

ⓓ 장장근 : 손목의 굴곡에 관여한다.

ⓔ 척측수근굴근 : 손목의 굴곡과 안쪽으로 신전하게 한다.

ⓕ 요측수근굴근 : 전완을 구부리게 하며 손목을 바깥쪽으로 뻗게 한다.

㉡ 신근

ⓐ 완요골근 : 전완을 굽히게 한다.

ⓑ 장요측수근신근, 단요측수근신근, 척측수근신근 : 손목의 신전과 바깥쪽 회전을 담당한다.

ⓒ 지신근 : 제2, 5지와 팔목을 신전시킨다.

ⓓ 소지신근 : 제5지를 신전시킨다.

ⓔ 회외근 : 전완을 신전시킨다.

ⓕ 단무지신근, 장무지신근 : 무지의 신전과 외전을 담당한다.

ⓖ 시지신근 : 제2지의 신전을 담당한다.

ⓗ 장무지외전근 : 무지와 손목의 바깥쪽 신전을 담당한다.

(3) 손의 근육

무지구근, 중수근, 소지구근으로 구분한다.

① **무지구근** : 단무지외전근, 단무지굴근, 무지대립근, 무지내전근이 외전과 굴곡의 작용을 한다.

② **중수근** : 충양근과 장측골간근, 배측골간근이 있으며 2-5지의 굴곡과 신전에 관여한다.

③ **소지구근** : 소지외전근, 단소지굴근, 소지대립근이 있으며 소지의 외전과 굴곡, 신전을 관여한다.

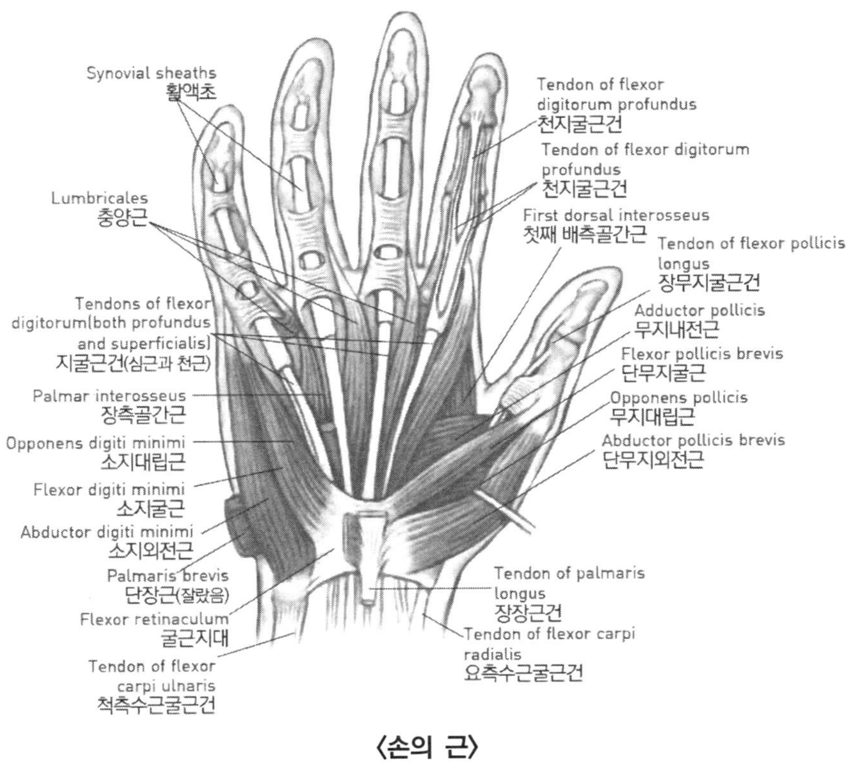

〈손의 근〉

11) 하지연결부의 근육

(1) 둔근

대퇴를 바깥으로 돌려주는 근육(외전), 대퇴를 옆으로 들어 올려준다.

① **대둔근** : 인체에서 가장 큰 근육이며 앉을 때 작용한다.
② **중둔근** : 근육주사 부위이다.
③ **소둔근** : 어린아이의 근육주사 부위이다.

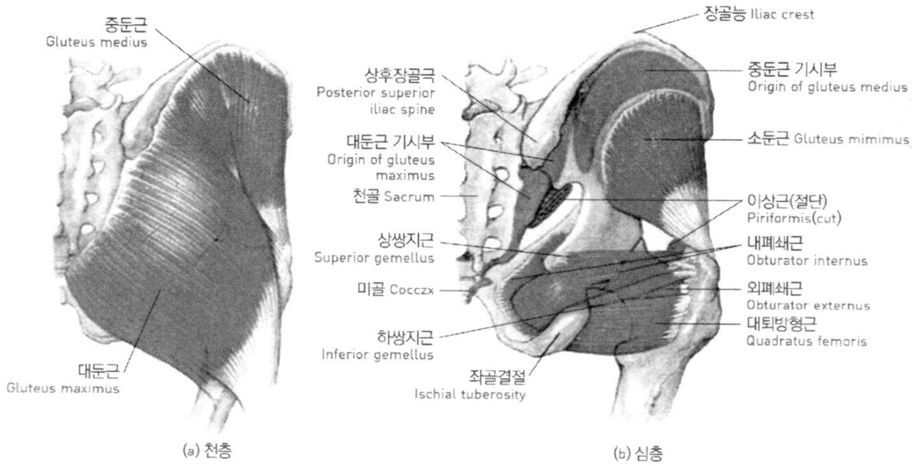

〈둔부의 근〉

12) 대퇴의 근육

(1) 대퇴사두근

대퇴의 앞쪽과 바깥쪽 표면에 부착되어 하퇴를 앞으로 뻗게 한다.

① **대퇴직근** : 경골에 부착된 건에 붙어있으며 고관절의 대퇴굴곡에 관여한다.
② **외측광근, 내측광근, 중간광근** : 하퇴의 신전에 관여한다.

(2) 봉공근

대퇴 앞부분을 비스듬히 지나가는 긴 근육으로 다리를 꼬아 앉을 때 사용하며 인체에서 가장 긴 근육이다.

(3) 후대퇴근

① **대퇴이두근** : 대퇴의 뒷면 경골과 비골에 부착되어 있다.

② **반건양근, 반막양근** : 고관절의 신전과 대퇴의 내전, 슬관절의 굴곡과 내측 회전을 담당한다.

(4) 대퇴내전근

대퇴의 내측에 위치한 근육으로 수축 시 대퇴를 신전시킨다. 승마 시 계속 사용되는 근육이다.

① **장내전근, 대내전근, 치골근** : 대퇴의 내전과 굴곡 안쪽 회전을 하게 한다.

② **단내전근** : 대퇴의 내전과 굴곡을 담당한다.

③ **박근** : 대퇴의 내전을 담당한다.

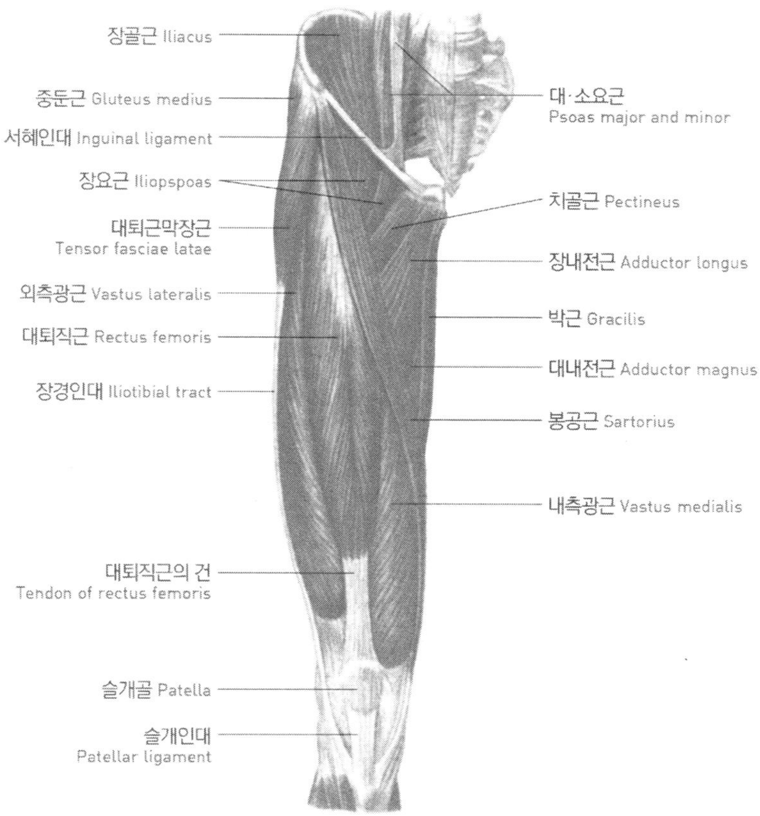

〈대퇴의 근〉

13) 하퇴의 근육

① **전경골근** : 발의 등쪽 굽힘과 내반에 작용한다.
② **장자신근** : 제2지-5지의 신전에 작용한다.
③ **제3비골근** : 발의 외번과 외전에 관여한다.
④ **장무지신근** : 무지의 신전과 발의 등쪽 굽힘에 관여한다.
⑤ **장비골근, 단비골근** : 발바닥이 외측으로 향하도록 하는 외번작용과 발바닥을 굽혀 준다.
⑥ **하퇴 삼두근, 족척근** : 하퇴삼두근에는 비복근과 넙치근이 있으며, 슬관절의 굴곡과 발바닥의 굽힘 운동을 한다.
⑦ **장지굴근** : 제2-5지의 굴곡에 관여한다.
⑧ **장무지굴근** : 무지의 굴곡에 관여한다.
⑨ **후경골근** : 경골과 비골의 뒤쪽에 위치하며 발의 내번에 관여한다.
⑩ **슬와근** : 슬관절의 굴곡과 하퇴의 안쪽 회전을 담당한다.

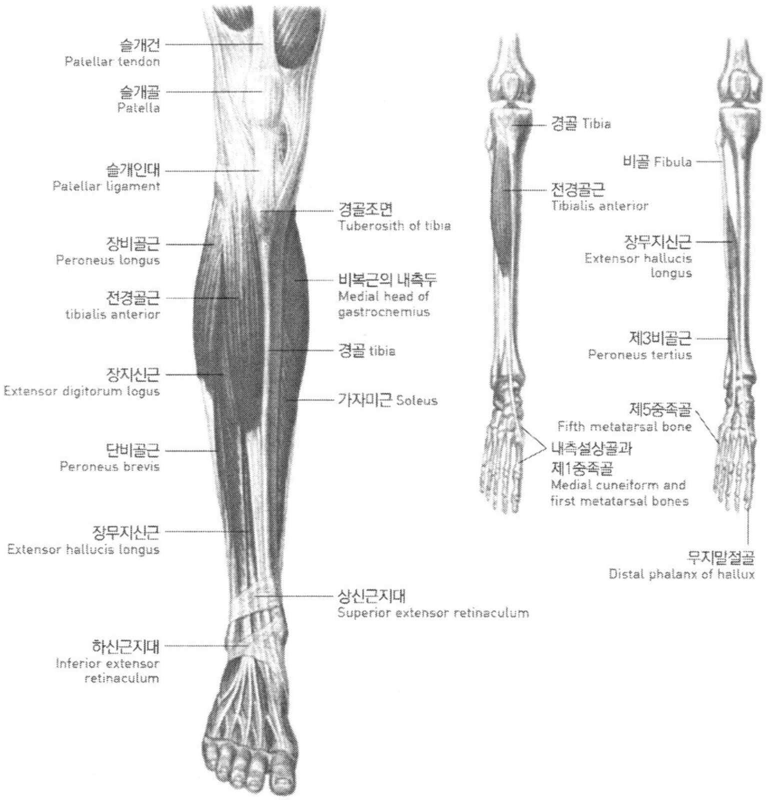

〈하퇴의 근〉

14) 발의 근육

(1) 족배근

발가락을 신전시켜주는 근육이다.

① **무지신근** : 무지의 신전을 담당한다.
② **단지신근** : 제2-4지의 신전에 관여한다.

(2) 족척근

9개의 발바닥을 이루는 근육이다.

(3) 내측족척근

무지외전근, 무지내전근, 단무지 굴근으로 엄지발가락의 굴곡, 내전, 외전에 관여한다.

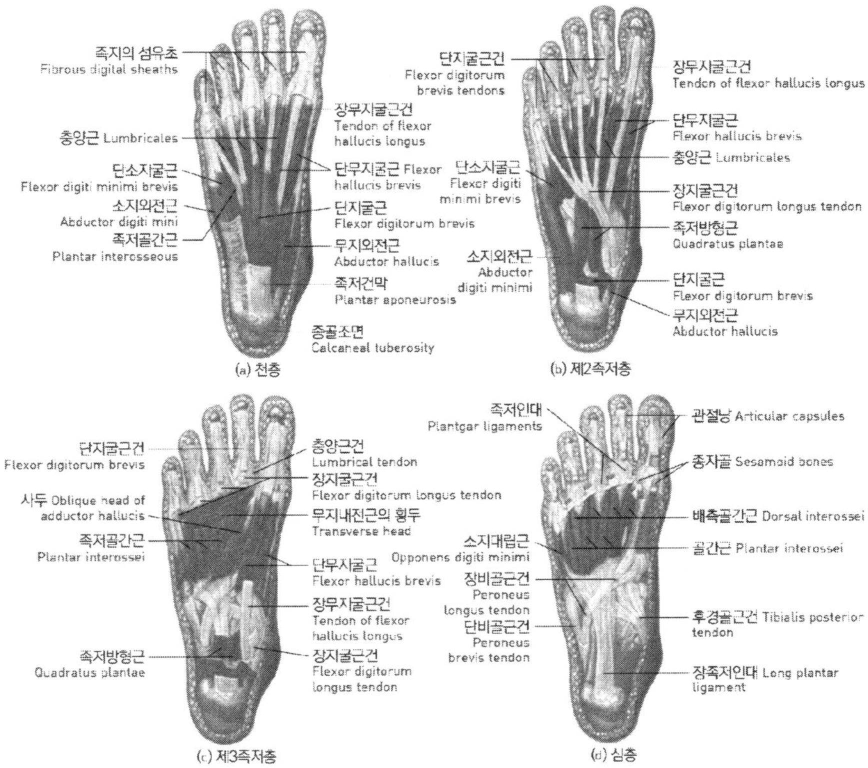

〈발 근육〉

CHAPTER

02 체형관리 상담분석

1 체형관리의 단계

1) 고객상담

고객의 관리실 방문 목적, 고객의 신상, 생활환경, 생활습관, 식생활, 정서적 상태 등을 조사하고, 문제의 원인을 파악하여 자료 기록 후 적절한 체형관리 프로그램을 계획할 수 있도록 한다.

2) 체형분석

견진, 문진, 촉진, 기기를 활용하여 체형을 분석한다.

줄자, 체지방측정기 등의 측정기를 이용하여 체지방, 체중, 신장 등, 고객의 신체 부위별 사이즈를 측정한 후 체형 분석을 분석한다. 체형분석표를 작성하고 자료를 기록한다.

3) 체형관리 프로그램 계획

고객 개인의 체형 상태에 적합한 관리 프로그램을 계획하여 수립한다.

체형관리 프로그램 계획과 자료를 기록한다.

4) 체형관리 실행

전신욕 또는 반신욕 → 전신클렌징 → 전신마사지 → 체형관리 목적에 따른 적용(기기, 제품, 특수요법) → 전신마스크 → 탄력강화 및 보호크림 도포 순으로 체형관리를 실행하며 자료기록을 한다.

5) 평가 및 홈케어 어드바이스

체형관리 효과 및 발생 문제 확인 후 원인의 재분석하고 고객의 문제 요인 등을 파악한 후 가정에서의 식이요법, 운동요법, 행동수정요법의 방법과 준수사항을 조언한다.

체형관리 후의 관찰 및 평가, 결과 분석, 가정에서 식이요법과 행동수정요법 조언, 체형관리 계획 및 재수립 등이 이루어져야 하며 자료를 기록한다.

2 체형관리의 상담

상담단계는 관리의 첫 번째 단계로 앞으로 이루어질 프로그램에 있어서 중요한 단계이다. 상담 시에는 고객의 방문 목적을 정확하게 인지하는 것이 중요하며, 방문 목적에 따라 고객에게 맞는 다양한 프로그램을 제시할 수 있는 단계이다.

관리를 위해서는 고객의 여러 요인들을 복합적으로 고려해야 하기 때문에 원인을 정확하게 파악하고 개선하기 위해서는 상담단계에서 작은 부분까지도 나누는 것이 중요하다.

중요 요인인 고객의 식생활, 운동습관, 생활환경, 건강상태 등의 요인과 체중, 키, 체지방, 셀룰라이트 분포 등을 분석한다.

또한 앞으로 진행될 관리의 방법과 절차, 기간 등에 관하여 자세히 설명함으로써 고객의 이해를 도와, 지속적으로 비만관리가 진행될 수 있도록 한다.

관리의 결과는 건강하고 아름다운 체형을 유지할 수 있도록 올바른 생활습관의 개선으로 변화를 유도한다.

상담을 통한 효과로는 관리의 필요성을 높이고 고객과의 신뢰도를 높이며, 전문적인 관리방법의 제시로 효과적인 관리 계획을 수립할 수 있게 된다.

1) 상담의 단계

상담의 단계는 다음과 같다.

첫째, 고객의 방문 목적을 파악한다.

둘째, 관리의 원칙에 대해서 강조한다.

단기간에 체중은 줄지 않으며, 살빼는 비방은 없다.
무조건 굶는 방법은 99% 실패와 건강의 악화를 초래한다.
자신에게 맞는 목표를 세우고 단계적으로 시행한다.
과도한 스트레스가 아닌 생활의 일부분이 되어야 한다.

셋째, 고객 문제의 원인을 파악한다.

문제의 원인을 파악할 때는 체형상태와 환경상태를 나누어 파악하고 프로그램시에는 복합적으로 처방한다.

- 체형상태 : 체중, 신체사이즈, 체지방, 셀룰라이트, 건강상태 등
- 환경상태 : 생활습관, 식습관, 운동습관, 환경적 요인, 건강요인, 내적요인 등

넷째, 해결방법과 관리 계획을 작성한다.

고객에게 시행할 관리 과정 및 방법에 대하여 설명한다.

다섯째, 지속적인 관리가 가능하도록 한다.

끊임없이 고객에게 전화, 이메일, 문자 등을 통하여 관리한다.

2) 상담자의 역할

상담자의 주요 역할은 고객 문제의 원인을 파악하고, 전문적인 프로그램을 제시하여 효과적인 관리를 하는 것이다. 상담자가 훌륭한 전문지식과 프로그램을 처방할 수 있는 것은 당연한 것이다. 그러나 아무리 훌륭한 프로그램을 제시한다고 해도 고객의 경우 자신의 문제에 대해서 이야기 하고 있으므로, 고객의 입장에 대해서 생각하는 것이 중요하다. 이에 전문 지식 외에 고객과의 상담 기법 또한 매우 중요하다. 또한, 고객과의 공감대 형성이 중요하며, 고객과의 상담을 할 때에는 상담자는 고객을 자신도 같은 문제가

있는 사람처럼 대하는 것이 중요하다. 또한 이때 효과적인 상담기술을 위해서는 고객과의 상담 시 고객의 배려, 공손한 자세, 객관적인 사고 외에 효율적인 화법이 필요하다.

3) 상담 시 효율적인 화법을 위한 주의사항

- 대화를 처음 시작할 때는 신선하고 가벼운 화제로 말문을 연다.
- 상대방의 말을 경청하며 이야기 한다.
- 열의가 넘치는 모습으로 이야기 한다.
- 표현은 정중하되 당당하게 이야기 한다.
- 부정적인 이야기는 피한다.
- 지나치게 아는 척, 똑똑한 척 하지 않는다.
- 대화 도중 호칭에 유의한다.
- 고객의 입장에서 고객의 이익을 중심으로 이야기 한다.
- 필요 이상 같은 내용은 반복하지 말자.
- 전문적이지만 이해하기 쉽게 이야기하라.

4) 관리 차트

<table>
<tr><th colspan="4">BODY CARE CHART</th></tr>
<tr><td>날짜</td><td></td><td>차트번호</td><td></td></tr>
<tr><td>구분</td><td></td><td>생년월일</td><td></td></tr>
<tr><td>주소</td><td colspan="3"></td></tr>
<tr><td>휴대폰</td><td></td><td>직업</td><td></td></tr>
<tr><td>성별</td><td>남 / 여</td><td>결혼유무</td><td>기혼 / 미혼</td></tr>
<tr><td>방문경로</td><td colspan="3">소개자(　　　　　) / 광고 / 기타</td></tr>
<tr><td>방문목적</td><td colspan="3"></td></tr>
</table>

<table>
<tr><td rowspan="3">체형문제</td><td>고객</td><td colspan="4"></td></tr>
<tr><td>상담자</td><td colspan="4"></td></tr>
<tr><td>발생 시기</td><td colspan="4"></td></tr>
<tr><td>유전요인</td><td colspan="5">□ 심장병　□ 당뇨병　□ 혈압(고/저)　□ 기타</td></tr>
<tr><td rowspan="13">생활습관</td><td>식습관</td><td colspan="2">□ 규칙적(1끼/2기/3끼)</td><td colspan="2">□ 불규칙적</td></tr>
<tr><td>선호식품</td><td colspan="4"></td></tr>
<tr><td>다이어트</td><td>□ 有(식이)</td><td>□ 有(운동)</td><td>□ 有(약물)</td><td>□ 無</td></tr>
<tr><td>운동습관</td><td>□ 규칙적</td><td colspan="3">일주일에 1회 / 2회 / 3회 / 4회 / 5회 이상</td></tr>
<tr><td>운동종류</td><td colspan="4"></td></tr>
<tr><td>운동시간</td><td>□ 3시간 이상</td><td>□ 2시간 이상</td><td>□ 1시간 이상</td><td>□ 1시간 이하</td></tr>
<tr><td>건강식품</td><td>□ 종합비타민</td><td>□ 호르몬제</td><td>□ 칼슘제</td><td>□ 기타</td></tr>
<tr><td>물</td><td>□ 매우 자주 마심</td><td>□ 자주 마심</td><td>□ 식사 때만 마심</td><td>□ 거의 안 마심</td></tr>
<tr><td>음료</td><td colspan="4">즐겨마시는 음료의 종류와 빈도 :</td></tr>
<tr><td>술</td><td>□ 주 5회 이상</td><td>□ 주 3~5회</td><td>□ 주 1~2회</td><td>□ 전혀 안 마심</td></tr>
<tr><td>담배</td><td>□ 1갑 이상</td><td>□ 반갑 이상</td><td>□ 10가치 이하</td><td>□ 전혀 안 피움</td></tr>
<tr><td>수면</td><td>□ 8시간 이상</td><td>□ 6~8시간</td><td>□ 4~6시간</td><td>□ 3시간 이하</td></tr>
<tr><td>취미</td><td colspan="4"></td></tr>
<tr><td rowspan="11">건강상태</td><td>현재질병</td><td colspan="2">□ 有</td><td colspan="2">□ 無</td></tr>
<tr><td>과거질병</td><td colspan="2">□ 有</td><td colspan="2">□ 無</td></tr>
<tr><td>수술력</td><td colspan="2">□ 有</td><td colspan="2">□ 無</td></tr>
<tr><td>종합검진</td><td colspan="2">□ 有</td><td colspan="2">□ 無</td></tr>
<tr><td>복용약물</td><td colspan="2">□ 有</td><td colspan="2">□ 無</td></tr>
<tr><td>알러지</td><td colspan="2">□ 有</td><td colspan="2">□ 無</td></tr>
<tr><td>초경나이</td><td colspan="4"></td></tr>
<tr><td>생리주기</td><td colspan="2">□ 규칙적(　　　　일)</td><td colspan="2">□ 불규칙적(　　　　일)</td></tr>
<tr><td>임신</td><td colspan="2">□ 有　(　　　　회)</td><td colspan="2">□ 無</td></tr>
<tr><td>피임여부</td><td colspan="2">□ 有　(종류 : 경구 / 콘돔 / 기타)</td><td colspan="2">□ 無</td></tr>
<tr><td>순환상태</td><td colspan="2">□ 순환부족</td><td colspan="2">□ 순환좋음</td></tr>
</table>

<table>
<tr><th colspan="4">BODY CARE CHART</th></tr>
<tr><td colspan="3">1회관리(　　월　　일)</td><td rowspan="12">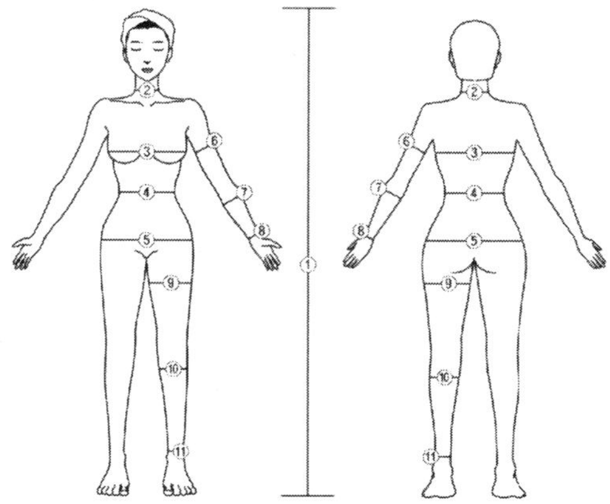</td></tr>
<tr><td>키</td><td></td><td>cm</td></tr>
<tr><td>체중</td><td></td><td>kg</td></tr>
<tr><td>BMI</td><td></td><td></td></tr>
<tr><td>어깨</td><td></td><td>cm</td></tr>
<tr><td>허리</td><td></td><td>cm</td></tr>
<tr><td>엉덩이</td><td></td><td>cm</td></tr>
<tr><td rowspan="2">허벅지</td><td>좌</td><td>cm</td></tr>
<tr><td>우</td><td>cm</td></tr>
<tr><td rowspan="2">종아리</td><td>좌</td><td>cm</td></tr>
<tr><td>우</td><td>cm</td></tr>
<tr><td>가슴</td><td></td><td>cm</td></tr>
<tr><td rowspan="2">팔(상완)</td><td>좌</td><td>cm</td><td rowspan="2">지방 : ********　셀룰라이트 : ///　근육부족 : +++
튼살 : VVVVV</td></tr>
<tr><td>우</td><td>cm</td></tr>
<tr><td>식이처방</td><td colspan="3"></td></tr>
<tr><td>운동처방</td><td colspan="3"></td></tr>
<tr><td>행동수정요법</td><td colspan="3"></td></tr>
</table>

프로그램계획				
종류	등	복부	팔(상완)	하체(허벅지, 종아리)
매뉴얼테크닉				
SPA (therapy)				
미용기기				
제품				
주사, 레이저				
약물요법				

3 체형의 분석

체형분석
- 키, 몸무게를 잰다.
- 피부의 색과 상처 혹은 튼살, 닭살 등을 확인한다.
- 자세측정을 하여. 척추의 균형 상태를 확인한다.
- 골반의 균형 상태를 파악한다.
- 근육의 탄력도, 지방의 축적도 등을 측정한다.
- 셀룰라이트의 유무 확인한다.
- 어깨의 굽음 방향을 확인한다.
- 양쪽 다리의 길이를 확인한다.

체형상태를 분석할 때에는 매번 같은 의상, 같은 시간, 같은 부위를 차트에 기재해 두어야 매번 동일한 상황에서 측정을 하여 정확한 비교가 가능할 수 있도록 한다.

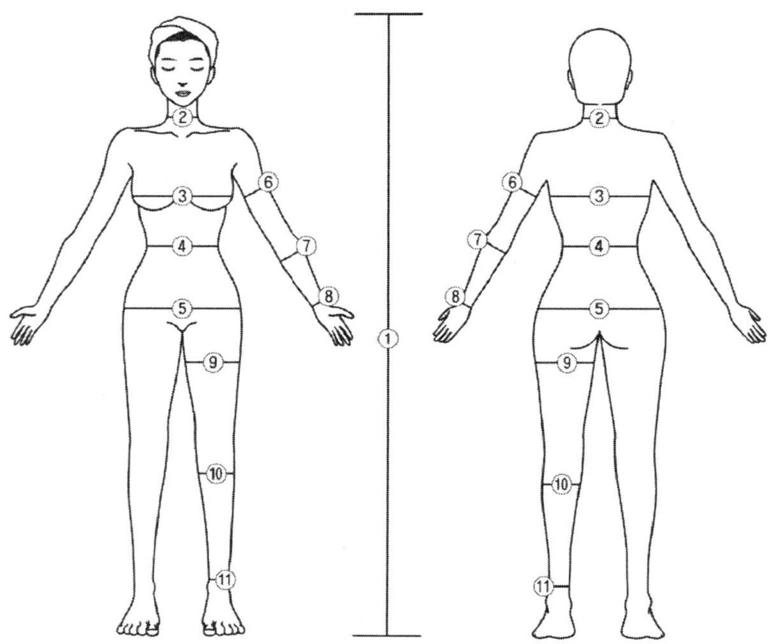

① **체중** : 체중계를 이용하여 측정하며, 비만관리에서 체중계에 너무 집중하지 않도록 한다.

② **체지방** : 체지방 측정기를 이용하여 측정하며, 비만관리에서는 BMI를 기준으로 삼도록 한다. 체지방 측정기는 사용이 간편하고 정확도가 높아서 활용도가 높다.

③ **셀룰라이트** : 셀룰라이트 측정기(터모그래피)를 이용하여 측정한다. 전문 측정기가 없는 경우에는 육안으로 판단하고 사진을 이용하는 것도 좋다.

④ **신체 사이즈** : 줄자를 이용하여 측정한다.

▶ 캘리퍼에 의한 측정 부위별 피하지방 두께 측정 방법

부위	측정방법
신장	• 맨발로 양발 끝을 30~40° 벌리고, 신장계의 기둥에 발 뒤꿈치, 엉덩이, 등 부위가 가볍게 닿는 위치에서 직립자세를 취한다. • 머리는 귀와 눈이 수형으로 유지하고, 신장계의 계측대를 머리 정점에 대고 측정한다.
목 둘레	똑바로 선 자세에서 시선을 수평으로 유지하게 하여 경추 5번 위치를 지나는 선을 측정한다.
가슴 둘	레 피검자의 양팔을 올린후 견갑골 하각과 유두를 통과한 선을 숨을 내쉰 후 측정한다.
복부 둘레	배꼽을 통과하는 수평선을 피검자가 숨을 내쉰 후 측정한다.
둔부 둘레	좌우 대퇴돌기점을 지나는 수평둘레를 측정한다.
상완근 둘레	피건자는 팔에 힘을 빼고 가볍게 손을 아래로 내린 상태에서 상완중앙부의 최대 팽창부위를 측정한다.
전완근 둘레	팔에 힘을 빼고 가볍게 손을 아래로 내려 상완 중앙부의 가장 굵은 부위를 측정한다.
손목 둘레	팔에 힘을 빼고 가볍게 손을 아래로 내려 상완 중앙부의 가장 가는 부위를 측정한다.
대퇴근 둘레	양 발을 5~10cm 정도 간격을 두고 다리를 벌린 상태에서 대퇴의 가운데 가장 굵은 곳을 줄자를 이용하여 측정한다.
비복근 둘레	대퇴근 둘레를 측정할 때의 자세에서 종아리 가운데 가장 굵은 곳을 측정한다.
발목 둘레	대퇴 둘레를 측정할 때의 자세에서 하퇴의 복숭아 뼈 바로 위의 가장 가는 부위를 측정한다.

1) 척추와 골반의 균형

인간은 두발로 걷기 때문에 누구나 완벽한 척추를 지닐 수 없다. 한쪽으로 체중의 중심이 넘어가 근막의 방향이 바뀌는 사람들은 한쪽으로 체중의 중심이 치우치게 된다.

즉, 한꺼번에 체중의 중심이 넘어가 근막의 방향이 바뀌는 사람들은 “C”자 혹은 “S”자 형태의 커브를 갖게 된다.

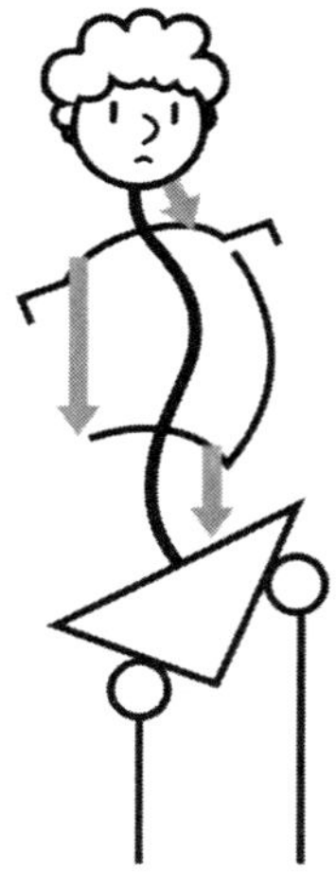

틀어진 허리에 대한 보상으로 반대쪽 어깨가 처지고 틀어진 허리 쪽의 경추가 측굴되면서 S자형으로 커브 진 척추

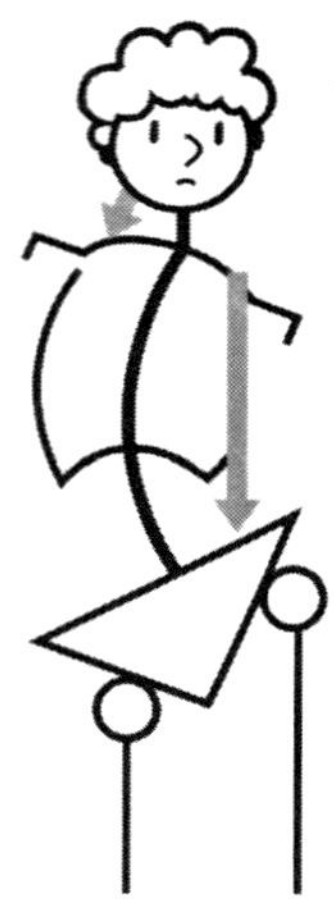

틀어진 허리에 대한 보상으로 반대쪽 어깨가 처지고 틀어진 허리 쪽의 경추가 측굴되면서 C자형으로 커브 진 척추

integrins

인테그린 분자들(세포막을 가로 지르며 세포간질과 세포 내부의 세포얼개를 연결하는 분자들)에 가해지는 압력(stress)을 증가시키면 세포들은 인체의 모든 조직들에서와 마찬가지로 점점 더 딱딱해지는 반응을 나타낸다는 것을 발견하였다. 나아가서 살아있는 세포들은, 세포얼개(cytoskeleton)를 이루는 요소들에 다양한 압박(prestress)들을 가함으로써, 예를 들어 신축성이 있는 미세섬유(microfilament)들의 장력에 변화를 일으키게 되면 좀더 단단해지거나 또는 좀더 신축성 있는 상태로 만들 수가 있다.

① 커브의 형태가 중요한 이유는 호흡시 12쌍의 늑골이 똑같이 벌어지고 오므러지고 하는데 한쪽만 벌어지고 다른 한쪽은 벌어지지 않는 비대칭현상이 나타날 수 있기 때문이다.

② 인체 전체의 근막의 활주는 호흡이 주관하고 있기 때문에 틀어진 흉곽은 일정 부위의 근막제한을 가져오게 되며 이러한 근막제한은 체중중심에 변화를 주게 되어 관절변화를 가져오게 된다.

③ 그 이유는 기립근이 흉곽을 지지하고 있기 때문에 틀어진 커브에 의해 갈비의 움직임이 제한되어서 기립근의 보상이 오게 된다.

2) 다리의 길이와 일상동작 관계

▶ **일상동작**

동작	왼다리 긴사람	오른다리 긴사람
이의 씹기	주로 왼쪽으로 씹는다.	주로 오른쪽으로 씹는다.
다리 꼬고 앉기	주로 왼다리를 올린다.	주로 오른 다리를 올린다.
잠잘 때	주로 오른쪽 옆으로 잔다.	주로 왼쪽 옆으로 잔다.
옆으로 앉을 때	주로 우측으로 양발 낸다.	주로 좌측으로 양발 낸다.
책상다리	주로 좌각을 안으로 꼰다.	주로 우각을 안으로 꼰다.
계단 오를 때	주로 좌각이 먼저 오른다.	주로 우각이 먼저 오른다.
전진 후퇴	주로 좌각부터 전진, 우각부터 후퇴	주로 우각부터 전진, 좌각부터 후퇴
물건 멜 때	주로 왼쪽 어깨에 멘다.	주로 오른쪽 어깨에 멘다.
바지, 스커트 입고 벗을 때	주로 왼쪽 다리부터 신고 오른쪽부터 벗는다.	주로 오른쪽 다리부터 신고 왼쪽부터 벗는다.

3) 체크포인트

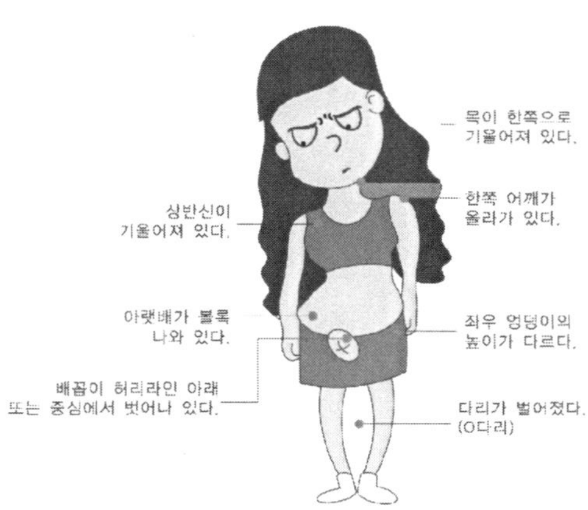

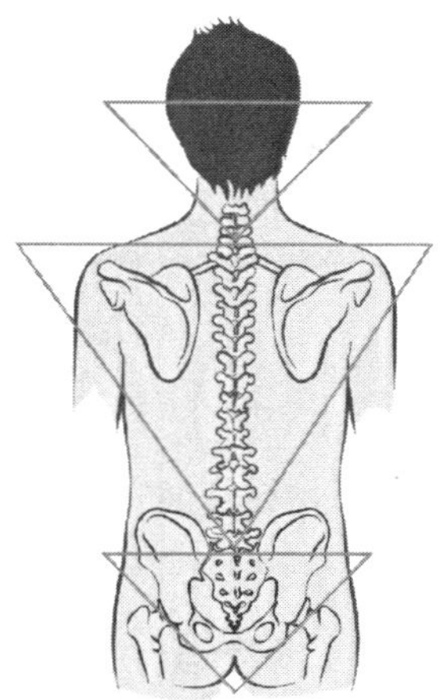

① **요근(psoas)이 약한 쪽에서 발이 내측으로 돌아감.**

발이 회내하려는 경향이 있다. 요근이 긴장된 쪽에서는 골반이 올라가고 요추가 동측으로 휜다.

② **오른쪽 요방형근이 약함.**

골반은 수평을 유지하고, 오른쪽 12번째 늑골이 거상되고 요추는 왼쪽으로 휜다.(후면도)

③ **대둔근이 약한 쪽에서 골반이 올라감.**

다리와 말이 내회전되고 무릎의 외측 안정성이 어느 정도 상실됨.(후면도)

④ **왼쪽 내전근이 약함.**

약한 쪽에 내반슬이 있고 대측에서는 골반이 올라간다.(후면도)

⑤ **봉공근 혹은 박근이 약함.**

외반슬이 존재하며 또한 골반의 전후 균형에도 영향이 있다.(전면도)

⑥ **왼쪽 비골근군이 약해 요족이나 회외가 유발된다.**(후면도)

⑦ **복직근이 약하면 골반과 흉곽 사이가 멀어진다.**

만약 양측 복직근이 모두 약하면 요추가 전만된다.(전만도)

⑧ **우측 복횡근이 약함.**

복부 측면이 불룩해지고 척추측만증의 가능성이 있다.

복부가 불룩해진 것은 환자가 윗몸 일으키기를 하는 동안 가장 잘 볼 수 있다.(후면도)

⑨ **오른쪽 광배근이 약함.**

어깨가 높아지며 다른 근육이 정상이라면 머리의 위치는 수평이다.

상부승모근에 이상이 있는 경우와 쉽게 혼동을 일으킬 수 있다.(후면도)

⑩ **오른쪽 능형근이 약하면 견갑골이 밑으로 쳐지고 머리는 능형근이 약한 쪽으로 회전된다.**(후면도)

⑪ **흉쇄유돌근이 우측에서 약함. 측굴이 단지 흉쇄유돌근에 의해 생겼다면, 머리는 흉쇄유돌근이 약한 쪽으로 회전된다.**

▶ **진단법 - 길이비교**

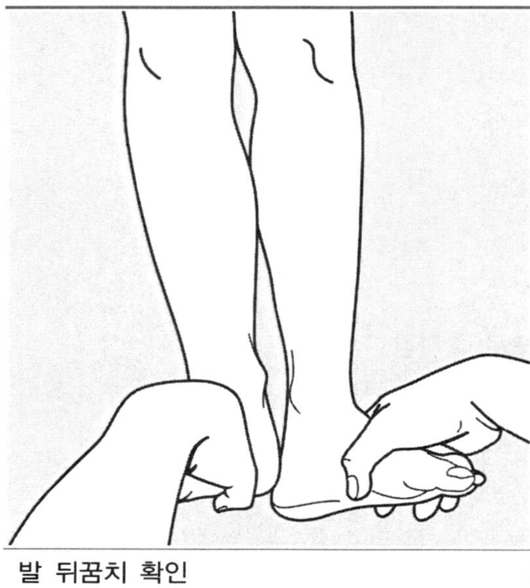

발 뒤꿈치 확인
다리 길이를 판단 후 정상형 오형 엑스형 판단

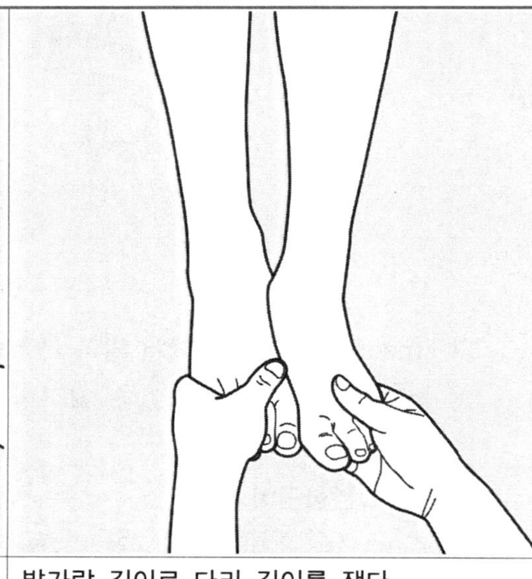

발가락 길이로 다리 길이를 잰다.
긴 쪽 발가락이 긴 다리다.

▶ **진단법 - 골반비교**

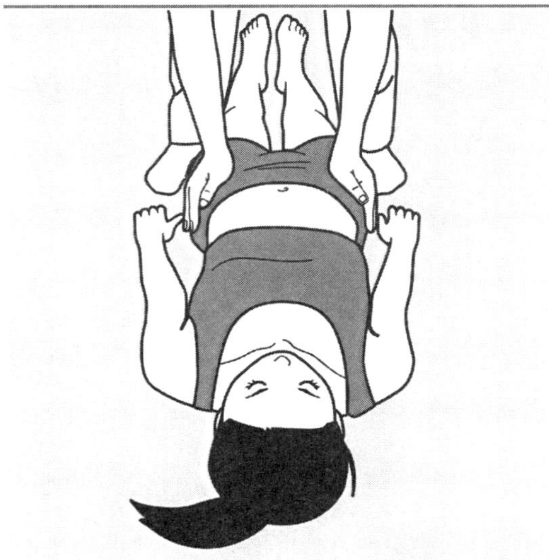	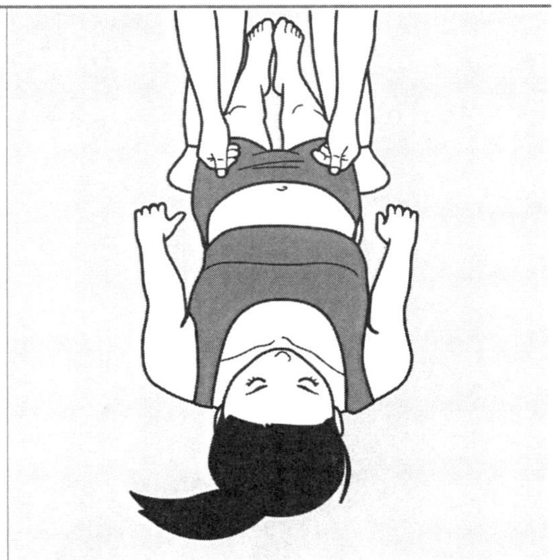
좌우 골반을 살짝 눌러서 높은 쪽 골반 확인 머리쪽으로 올라온 골반이 긴다리	골반을 눌러서 좌우측을 비교 높은쪽 다리가 길다.

▶ **진단법 - 무릎비교**

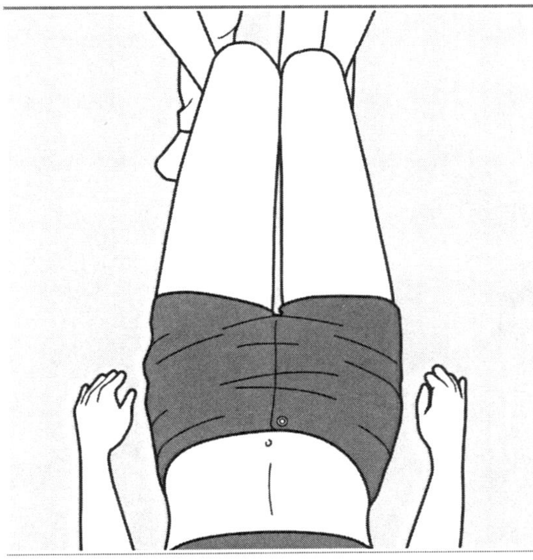	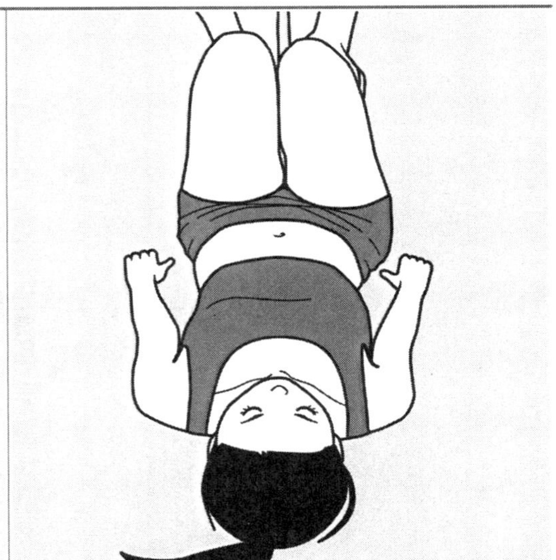
좌우 무릎의 높이를 비교한다. 높은 쪽 무릎의 다리가 길다.	다리를 들고 무릎의 높이를 비교 높은 쪽 다리가 길다.

〈자세 진단〉

4) 환경 분석

① **식습관** : 식사종류, 식사량, 식사시간, 식사방법, 선호하는 음식, 먹지 않는 음식, 야식여부 등을 분석한다.

② **운동습관** : 운동종류, 운동량, 운동시간, 운동 횟수, 운동방법 등을 분석한다.

③ **생활습관** : 수면시간, 수면량, 여가활동 종류, 남는 시간의 활용 등을 분석한다.

CHAPTER

03 매뉴얼테크닉

1 매뉴얼테크닉 정의

손을 이용하여 피부에 적당한 자극을 주면서 혈액순환과 신진대사를 활발히 하고, 피부의 기능을 증진시키는 것이다. 관리와 운동 수행력 향상을 목적으로 적당한 압과 리듬감, 연결성을 갖으며 쓰다듬기, 문지르기, 반죽하기, 두드리기, 진동하기 등의 수기요법을 통칭한다.

1) 마사지의 정의

마사지 어원은 '두드리다, 어루만지다'라는 뜻의 아랍어 "massa", '손'이라는 라틴어 "manus", '주무르다'라는 뜻의 그리스어 "masso" 등에서 유래하여 오늘날 "massage"라 명칭되었다. 초기문명시대 이래 수세기 동안 시행되어 왔으며 치료 효과로서의 마사지와 신체에 활력을 주며 통증을 완화시키고 아름답게 하는 기능을 하였다. 특히 히포크라테스(BC 460~375, 서양의학의 아버지) 는 마사지의 효과에 대해 경의를 표하였으며 최초로 마사지 기법에 대해 문헌을 통해 언급하였다.

2 매뉴얼테크닉의 효과

① 피부의 혈액순환을 향상시켜 영양공급과 산소공급을 원활하게 해준다.
② 근육을 이완시켜 긴장감을 풀어준다.
③ 림프순환을 촉진시켜 면역력을 증가 시킨다.
④ 신진대사를 왕성하게 하고 불필요한 노폐물을 제거한다.
⑤ 자율신경계에 영향을 미친다.
⑥ 심리적으로 안정감을 준다.
⑦ 피부결을 향상시켜 화장품의 유효물질 흡수력을 높여준다.
⑧ 신경점의 자극으로 피로를 풀러주고 모세혈관을 튼튼히 한다.
⑨ 화장품의 흡수를 도와준다.

3 바람직한 관리사의 매뉴얼테크닉의 방법

① 매뉴얼테크닉을 시행하는 동안 고객은 침대에서 편안한 느낌을 받아 긴장이 풀리고 안락함을 느낄 수 있어야한다.
② 빠른 동작은 표면적 효과만 부여하므로 매뉴얼테크닉 동작은 일정한 속도를 유지하고 리듬을 타야 한다.
③ 강하고 자극적인 테크닉을 하면 모세혈관 파열이나 민감한 피부일 경우 붉은 반점이나 이상이 생길 수 있다.
④ 피부의 근육방향과 주름생성방향을 고려하여 매뉴얼테크닉을 시행 한다.
⑤ 손의 청결과 손의 온도를 따뜻하게 해야 한다.
⑥ 건강한 상태에서 긍정적 사고와 고객을 수용할 자세가 되어 있어야 한다.
⑦ 전반적인 상식을 갖추어 고객의 질문에 상담할 수 있는 교양을 갖춘다.

4 매뉴얼테크닉의 포인트

① 손을 떼지 말고 밀착시킨다.
② 강약의 리듬을 주어 적당한 힘의 세기로 시행한다.

③ 일정하게 같은 속도를 유지한다.
④ 동작의 반복 횟수를 피부 유형에 맞게 고려한다.
⑤ 두 손이 동시에 얼굴에서 떨어지면 안 된다.
⑥ 순간순간의 정지 동작과 연결동작을 부드럽게 연결한다.

5 매뉴얼테크닉의 기본 동작 및 효과

1) 경찰법, 무찰법(effleurage, 쓰다듬기)

매뉴얼테크닉의 처음과 마지막에 시행하거나 매뉴얼테크닉하는 동안 연결동작으로 사용한다. 손가락과 손바닥 전체를 피부와 접촉시켜 피부표면을 쓰다듬고 어루만지는 방법이다. effleurage와 stroking 기법이 있다.

① **효과**
　㉠ 혈액순환과 림프순환을 촉진 시킨다.
　㉡ 각질 탈락에 도움을 주며 피부결이 개선된다.
　㉢ 근육을 이완시켜 긴장을 완화한다.
　㉣ 신경을 진정시켜 정신안정 효과를 준다.

2) 강찰법, 마찰법(friction, 문지르기, 마찰하기)

손가락의 끝 부분을 이용하여 피부에 대고 원을 그리는 동작이다. 적용부위는 안면의 볼, 이마부위, 입가 눈가 등 주름이 생기기 쉬운 부위에 실시한다. 링잉(wringing 짜듯이 비틀기), 롤링(rolling, 굴리기), 척킹(chucking, 가볍게 치듯이 문지르기), 라킹(raking, 긁기)등이 있다.

① **효과**
　㉠ 모세혈관을 확장시켜 혈액순환을 촉진한다.
　㉡ 결체조직을 강화시켜 탄력성을 증가시킨다.
　㉢ 좀 더 깊은 조직에 영향을 주어 선 분비운동을 활발하게 한다.

3) 유찰법, 유연법(petrissage, 주무르기)

매뉴얼테크닉 중 가장 강한 동작으로 손가락과 손바닥 사이로 피부와 근육을 움켜 잡듯이 쥐었다가 풀며 반죽하듯이 주무르는 동작이다. 대체적으로 등, 어깨, 팔 등 신체(body) 부위에 적용되며 기법에는 니딩(kneading)과 풀링(pulling)이 있다.

① **효과**

㉠ 근육의 마비나 경련을 완화시켜준다.
㉡ 혈액순환과 림프의 흐름을 증가시켜 영양공급과 노폐물 배출을 촉진시킨다.
㉢ 근육에 탄력성을 준다.

4) 고타법, 타진법, 경타법(tapotement, 두드리기)

손가락, 손의 측면, 손바닥, 주먹 등 손의 각 부위를 사용하여 마사지할 부위를 가볍고 리드미컬하게 두드리는 방법이다. 고타법에는 해킹(hacking), 컵핑(cupping), 비팅(beating) 등이 있다.

① **효과**

㉠ 신경과 근육의 기능을 좋게 하여 활동 능력을 향상시킨다.
㉡ 결체조직을 강화시켜 탄력성을 부여한다.

5) 진동법(vibration)

손가락 끝이나 손전체로 피부에 빠르고도 고른 진동을 준다. 굳어진 근육을 흔들리게 해서 신경조직의 흥분성을 높이며 안면근육의 조직에 진동자극을 주는 수기이다.

① **효과**

㉠ 자율신경에 자극을 주어 감각 기능을 향상시킨다.
㉡ 경직된 근육의 이완으로 결체 조직의 탄력성을 증가시킨다.
㉢ 혈액순환을 촉진한다.

CHAPTER

04

등 마사지

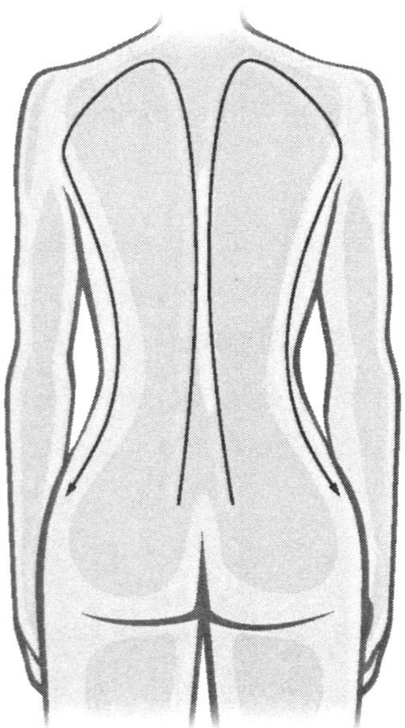

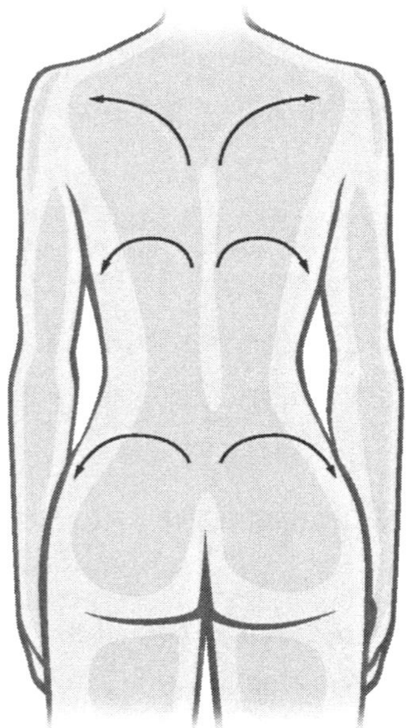

01 척추기립근 따라 쓰다듬기

양손가락 끝을 이용하여 요추 끝에서 제 7경추까지 척추기립근을 따라 올라간 후 승모근을 안-밖 쓸어주고 옆구리 감싸서 내려준다.

02 수영방향으로 쓰다듬기

어깨에서 허리까지 크게 세부위로 나눠 손끝을 이용하여 수영방향으로 쓰다듬어 준다.

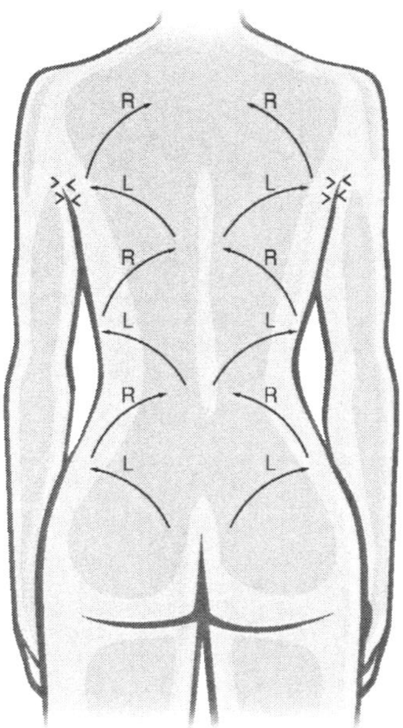

03 한손씩 번갈아주며 한쪽부분을 쓸어준 다음 액와에서 꼬집어 주기

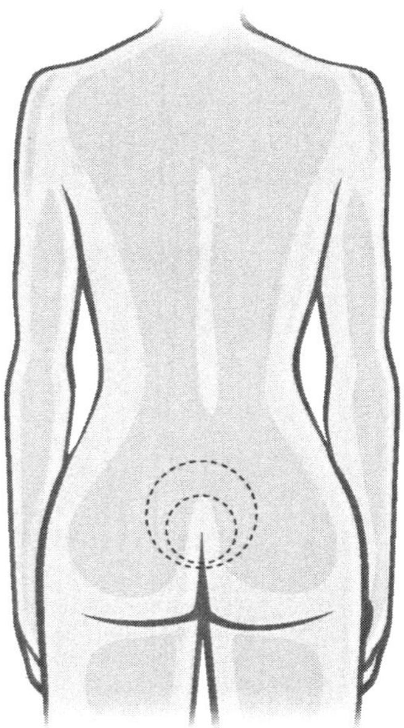

04 수근을 이용하여 꼬리뼈 비벼주기

손 옆으로 세워 비벼준다.

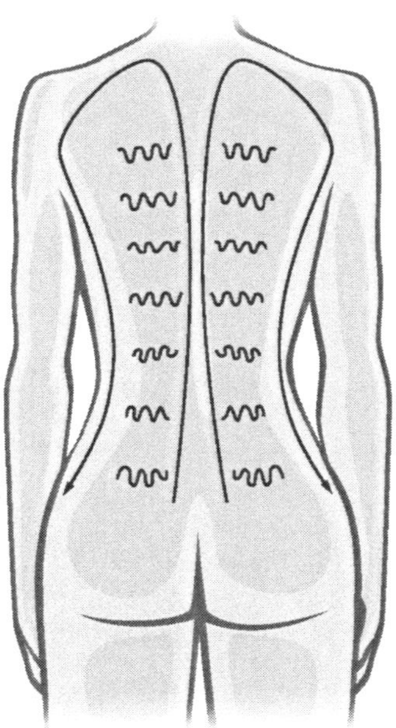

05 척추기립근을 따라 게걸음으로 올라가기

엄지는 척추기립(근)을 따라 올라가고 2, 3, 4, 5지 손가락을 두드려주며 올라가서 내려준다.

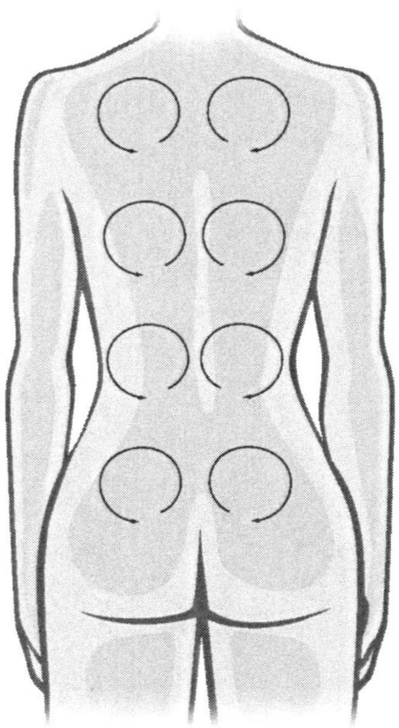

06 척추기립근 부위 문지르기

척추 부위를 4부위로 나누고 엄지로 6회에 걸쳐 원 그리며 올라가고 쓰다듬어 내려준다.

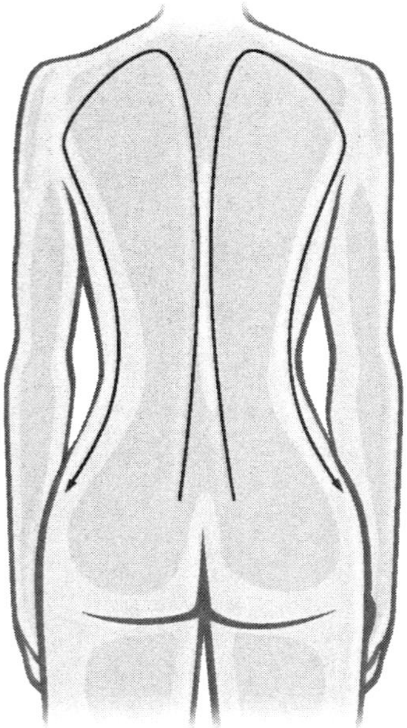

07 척추기립근 따라 주먹 쥐고 쓸어 올려주기

척추기립근을 주먹 쥐고 올라가서 쓸어서 내려준다.

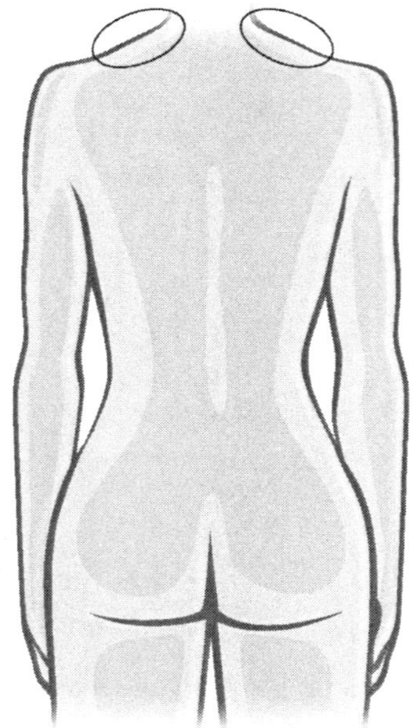

08 승모근 주무르기

양손을 이용하여 승모근부터 주물러 주고 오른쪽 승모근을 주물러준다.

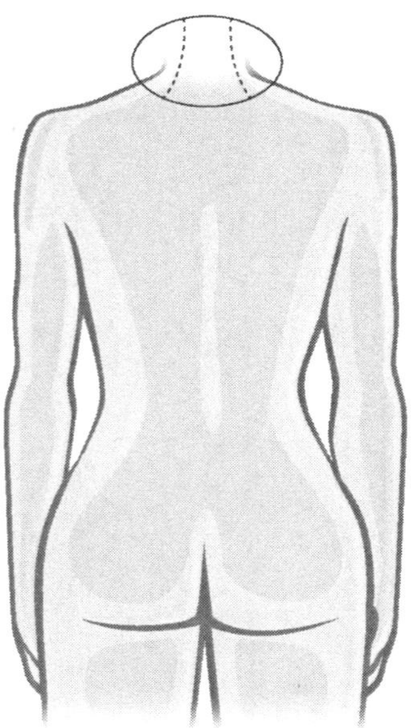

09 후경부 쓸어주기

양손을 이용하여 후경부를 감싸 쥐고 아래에서 위로 주물러준다.

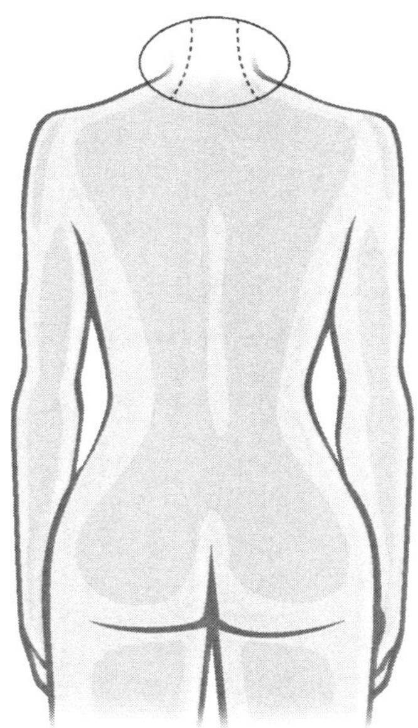

10 엄지로 후경부 쓸어내리기

고객의 위쪽으로 자리를 이동하여 경추 왼쪽부위 후경부위를 엄지로 쓸어내려주고 오른쪽 부위를 엄지로 쓸어내려준다.

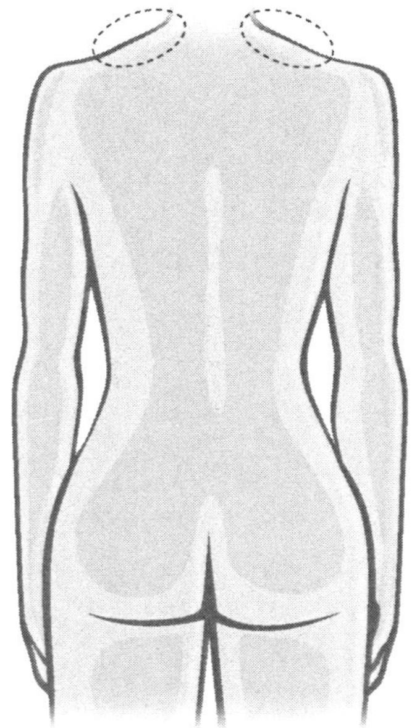

⑪ 승모근 부위 쓸어주기

반대쪽 손 엄지를 이용하여 승모근 안–밖으로 쓸어준다.

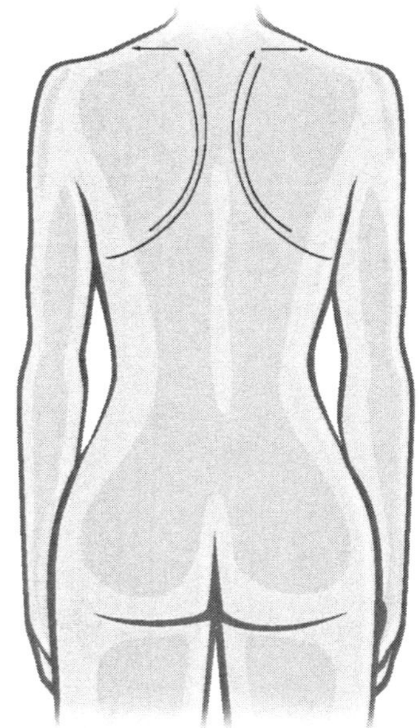

⑫ 견갑골 문지르기

양쪽 견갑골을 양손 엄지를 이용하여 쓸어준다.

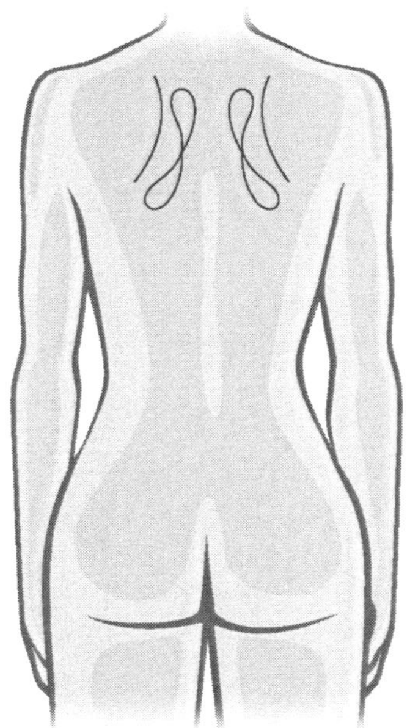

⑬ (양쪽)견갑골 8자로 문지르기

양쪽 2, 3, 4, 5지로 양견갑골을 크게 8자로 돌려주며 문지른다.

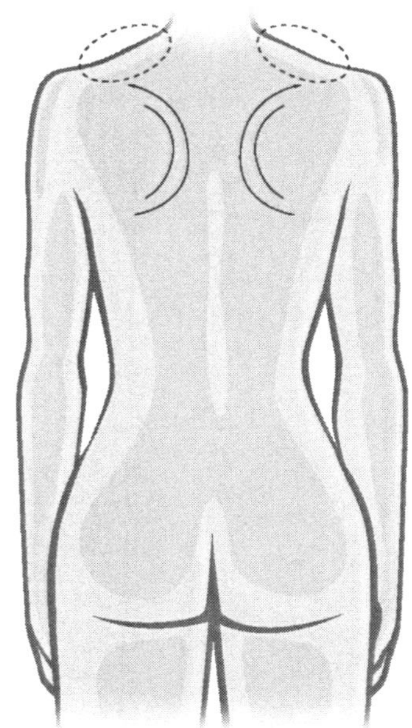

⑭ 한손을 뒷짐 지게 하여 양 엄지로 견갑골 쓸어주고 어깨 주무르기

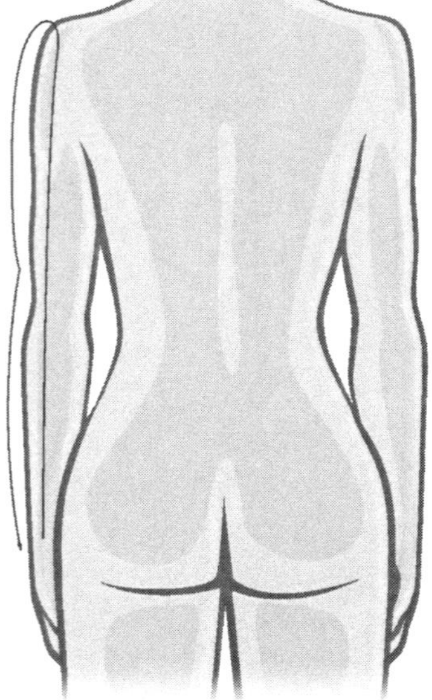

⑮ 손 내리게 하여 팔 쓰다듬어 준 후 손바닥으로 빼주기

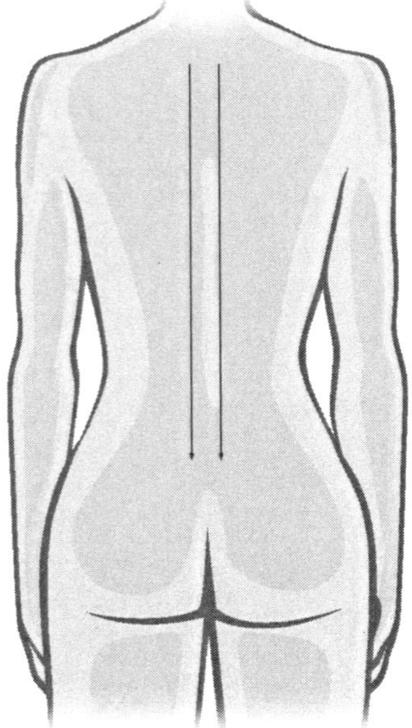

⑯ 엄지로 척추 따라 내려가기

엄지로 척추를 따라 요추 부위까지 내려 준다.

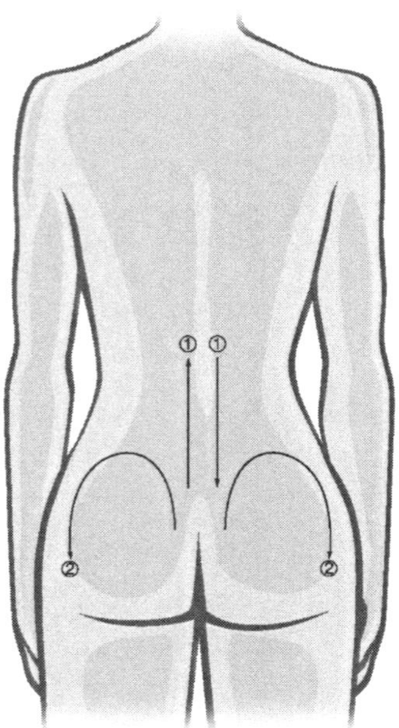

⑰ 요추부위 & 엉덩이 쓰다듬기

요추–손끝, 엉덩이–손바닥 전체 이용하여 둥글게 쓰다듬어 준다.

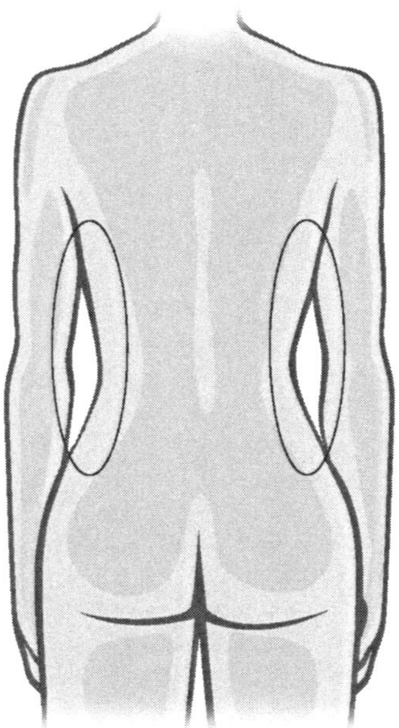

⑱ 옆구리 비비기–반죽하기 (반대쪽 동일 실시하기)

모델 옆쪽으로 위치 이동, 반대쪽 옆구리를 양손을 이용하여 비비고 반죽한다.

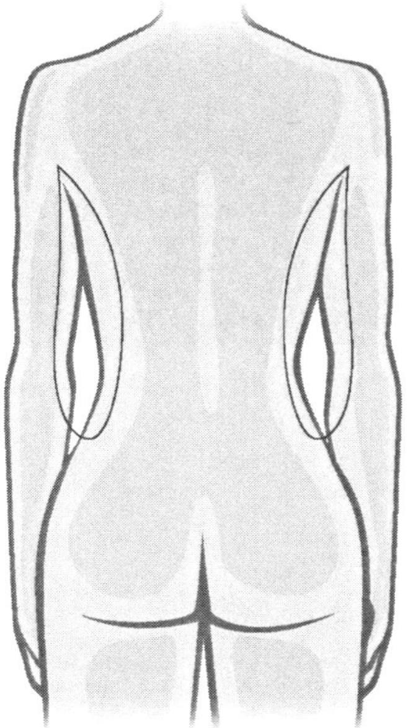

⑲ **모지구로 근육 내려주고 떨어주기 (반대편도 동일실시)**

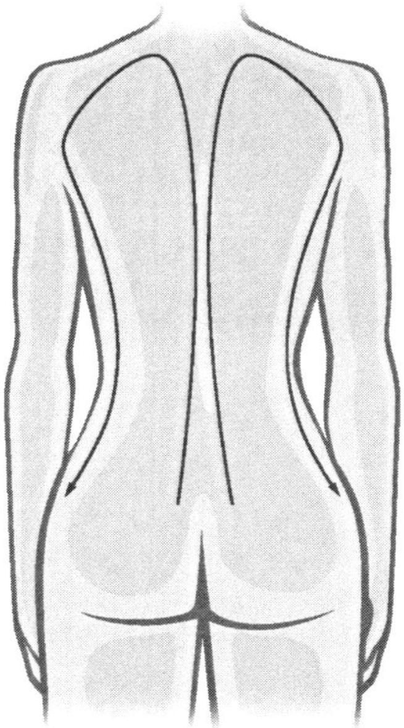

⑳ **척추기립근 따라 쓰다듬기**

①과 동일하게 실시하여 마무리해준다.

CHAPTER

05 복부 마사지

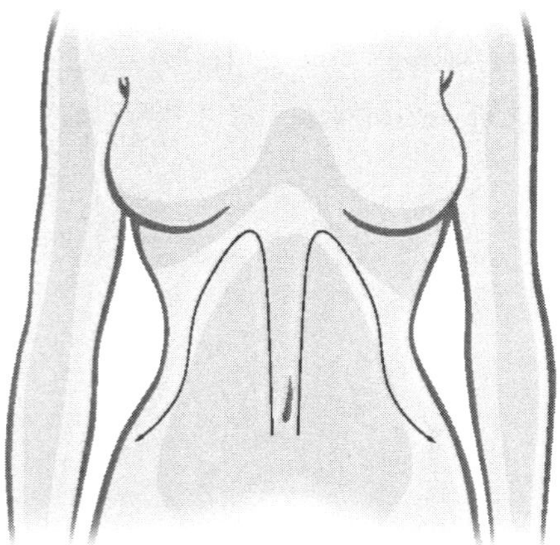

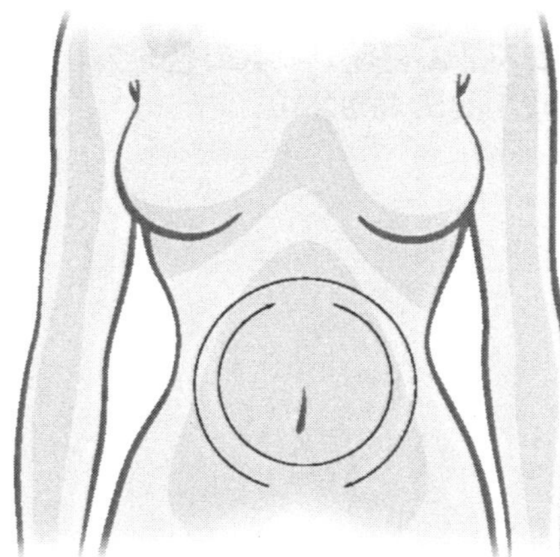

01 전체 쓰다듬기 (T자형으로 쓰다듬기 3회)

배꼽위에 양손을 대고 검상돌기까지 쓰다듬어주고 양쪽 옆구리를 감싸 쥐고 내려준다.

02 배꼽주위 양손 반대로 원 그리기 (시계방향으로 쓰다듬기 6회)

한손은 배꼽 위, 다른 한손은 교차로 배꼽 아래에 두고 서로 엇갈려 반대 방향으로 원을 그려준다.

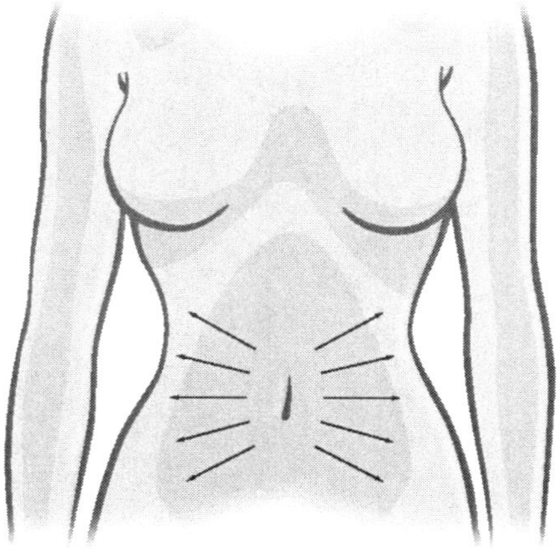

03 전체 가지 쳐주기

양손 엄지를 이용하여 복부 우측 아래 – 왼쪽 늑골 아래까지 가지 치듯이 쓸어주고 반대로 복부 좌측아래 – 오른쪽 늑골 아래까지 가지 치듯이 쓸어준다.

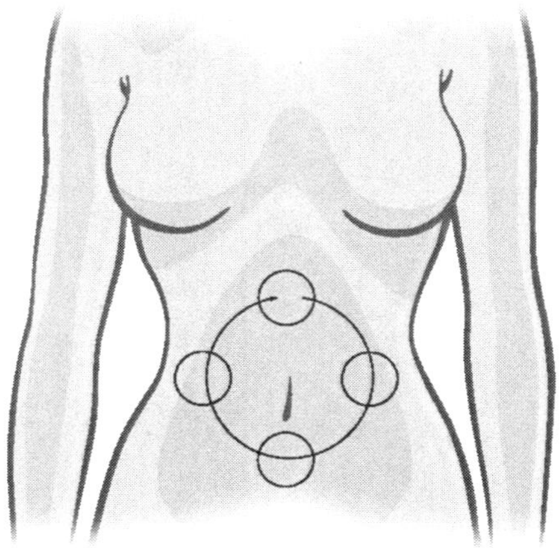

04 배꼽주위 마찰하기(한 부위씩 5번씩 돌리면서 압)

양손을 겹쳐서 배꼽주위를 돌아가며 수영방향으로 마찰해 준다.

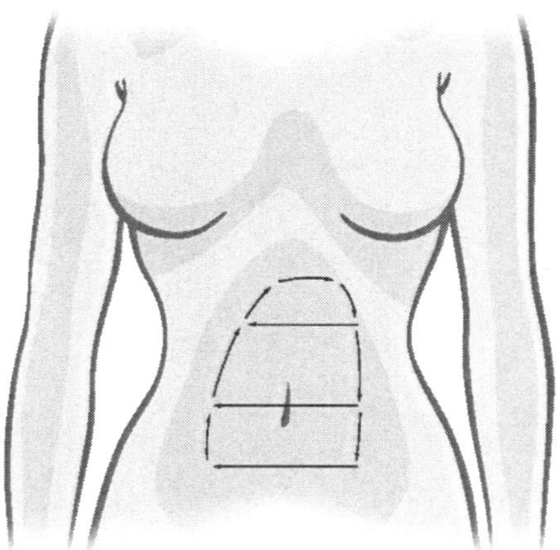

05 대장방향으로 쓰다듬기(6회)

복부 좌측에서 우측으로 양손을 이용해 쓸어준다.

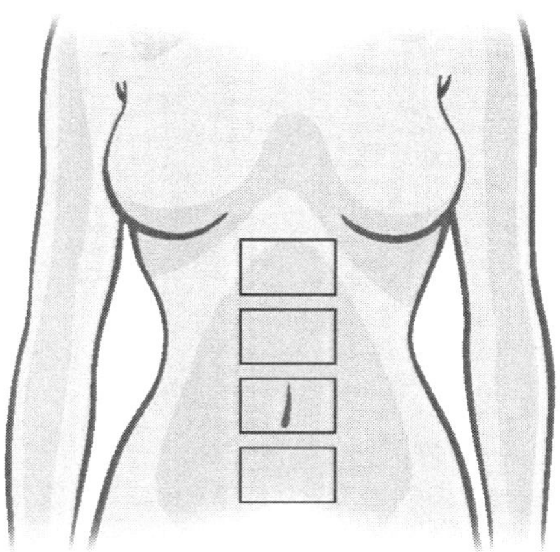

06 복직근 반죽하기(3회)

복직근 부위를 4등분하여 꼬집듯이 반죽해준다.

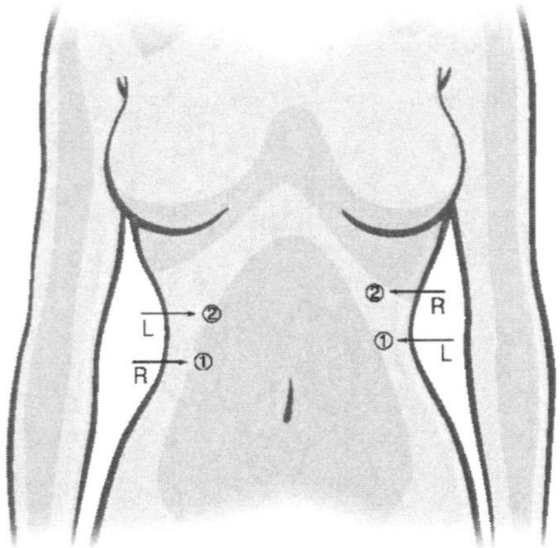

⑦ 서로 엇갈려 튕겨주기-떨어주기(3회)

양손을 엇갈려서 허리를 감싸 쥐고 교대로 엇갈려 떨어준다

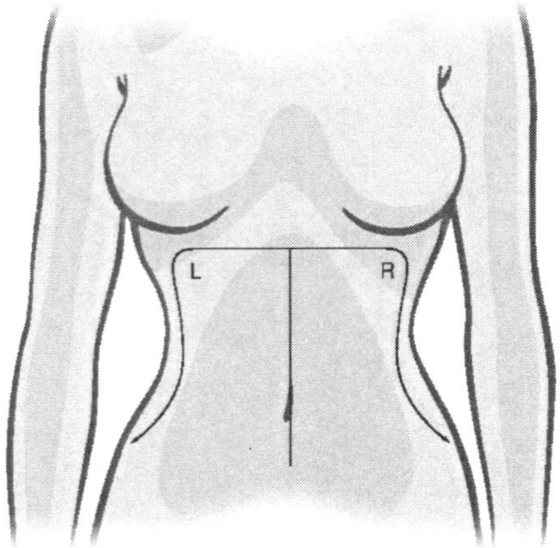

⑧ T자형으로 쓰다듬기(3회)

배꼽위에서 양손을 대고 검상돌기까지 쓰다듬어 주고 양쪽 옆구리를 감싸 쥐고 내려준다.

실습 포트폴리오

과 목 :

학 번 :

이 름 :

체형관리 실습

능력단위요소	몸매분석하기(1201010204_01.14v2)
수행준거	1.1. 고객의 현재 몸매 상태를 파악할 수 있다.
	1.2. 선천적 몸매와 잘못된 습관에 의해 만들어진 몸매를 구분할 수 있다.
	1.3. 몸매 부위별 문제점을 파악하고 부위별 체형에 대해 분류 할 수 있다.
	1.4. 분석결과에 따라 전신관리 계획을 수립할 수 있다.

실습준비	실습과정

BODY CARE CHART

신 상 명 세 Personal Details			
성 명		생년월일	년 월 일 (양력/음력)
휴대폰			
직 업			
생리 주기	남자일 경우, 남성 고객으로 기입	임신 여부	☐ 예 ☐ 아니오
과거 복용약		현재 복용약	
병력 및 금기증 (contra indication)	☐ 고혈압(high blood pressure) ☐ 심장상태문제(heart conditions) ☐ 피부질환(skin diseases/disorder) ☐ 임신후기단계(later stages of pregnancy) ☐ 부종(swellings) ☐ 선번(sunburn) ☐ 신경계상태문제(nervous conditions) ☐ 혈전증/색전증(history of thrombosis/embolism) ☐ 간질(epilepsy) ☐ 기타 ( )	☐ 저혈압(low blood pressure) ☐ 골절(breaks/fractures) ☐ 정맥류 (varicose veins) ☐ 절개(cut/abrasions) ☐ 발열(fever) ☐ 당뇨병(diabetes)	
수술력	☐ 예(수술명 :)	☐ 아니오	
생활습관	☐ 규칙적 수면 (시 – 시까지 / 총 시간)		
	☐ 운동 (주 회)		
	☐ 흡연 (주 회)		
	☐ 음주 (주 회)		
	☐ 식이		

몸매 분석표(Plumb line Posture Analysis)

1. 뒷모습(Posterior View)

머리 & 목(Head & Neck)	Yes	No
– 기울어짐(Head tilt)	☐	☐
어깨(Shoulder)		
– 삐뚤어진 어깨(Uneven shoulder)	☐	☐
– 삐뚤어진 견갑골(Uneven scapula)	☐	☐
등(Trunk)		
– 측만증(Scoliosis)	☐	☐
골반 & 힙(Pelvis & Hip)		
– 골반 높이가 기울음 (Lateral pelvic tilt(Uneven hip))	☐	☐
무릎(Knee)		
– X 다리, 외반골, 휜 다리 (Genu varum(Bow legged))	☐	☐
– O 다리, 내외반골 (Genu valgum(Knock–knee))	☐	☐
발목 & 발(Ankle & Foot)		
– 평발 (Pes planus(Flat feet/Fallen arches))	☐	☐
– 높은 아치 (Pes cavus(High arch))	☐	☐

2. 앞모습(Anterior View)

머리 & 목(Head & Neck)	Yes	No
– 옆 목(Lateral tilt)	☐	☐
– 하악 비대칭(Mandibular asymmetry)	☐	☐
어깨(Shoulder)		
– 올라간/내려간 어깨 (Ropped/Elevated shoulder)	☐	☐
– 쇄골 비대칭(Uneven clavicles)	☐	☐
– 갈비뼈 비대칭(Uneven ribs)	☐	☐
발목 & 발(Ankle & Foot)		
– 무지 외반증(Hallus valgus(Bunion))	☐	☐
– 망치족(Hammer toes)	☐	☐

3. 옆모습(Lateral View)

머리 & 목(Head & Neck)	Yes	No
– 거북목 증후군(Forward head)	☐	☐
– 주걱턱(Protruding)	☐	☐
어깨(Shoulder)		
– 앞으로 굽은 어깨(Forward shoulder)	☐	☐
흉추(Thoracic Vertebrae)		
– 후만(Kyphosis)	☐	☐
허리부분(Lumbar)		
– 전만(Lordosis)	☐	☐
– 굽은 등(Sway back)	☐	☐
– 편평 등(Flat back)	☐	☐
골반 & 힙(Pelvis & Hip)		
– 골반 전방 경사(Anterior pelvic tilt)	☐	☐
– 골반 후방 경사(Posterior pelvic tilt)	☐	☐
무릎(Knee)		
– 무릎이 뒤로 굴절평발 (Genu recurvatum(Knee bends backwards))	☐	☐

BODY CARE CHART

<table>
<tr><td colspan="4">신 상 명 세
Personal Details</td></tr>
<tr><td>성 명</td><td></td><td>생년월일</td><td>년 월 일 (양력/음력)</td></tr>
<tr><td>휴대폰</td><td colspan="3"></td></tr>
<tr><td>직 업</td><td colspan="3"></td></tr>
<tr><td>생리 주기</td><td>남자일 경우, 남성 고객으로 기입</td><td>임신 여부</td><td>☐ 예 ☐ 아니오</td></tr>
<tr><td>과거 복용약</td><td></td><td>현재 복용약</td><td></td></tr>
<tr><td>병력 및 금기증 (contra indication)</td><td colspan="3">☐ 고혈압(high blood pressure) ☐ 저혈압(low blood pressure)
☐ 심장상태문제(heart conditions) ☐ 골절(breaks/fractures)
☐ 피부질환(skin diseases/disorder) ☐ 정맥류 (varicose veins)
☐ 임신후기단계(later stages of pregnancy)
☐ 부종(swellings) ☐ 절개(cut/abrasions)
☐ 선번(sunburn) ☐ 발열(fever)
☐ 신경계상태문제(nervous conditions)
☐ 혈전증/색전증(history of thrombosis/embolism)
☐ 간질(epilepsy) ☐ 당뇨병(diabetes)
☐ 기타 ( )</td></tr>
<tr><td>수술력</td><td colspan="3">☐ 예(수술명 :) ☐ 아니오</td></tr>
<tr><td rowspan="5">생활습관</td><td colspan="3">☐ 규칙적 수면 (시 – 시까지 / 총 시간)</td></tr>
<tr><td colspan="3">☐ 운동 (주 회)</td></tr>
<tr><td colspan="3">☐ 흡연 (주 회)</td></tr>
<tr><td colspan="3">☐ 음주 (주 회)</td></tr>
<tr><td colspan="3">☐ 식이</td></tr>
</table>

몸매 분석표(Plumb line Posture Analysis)

1. 뒷모습(Posterior View)

머리 & 목(Head & Neck)	Yes	No
– 기울어짐(Head tilt)	☐	☐
어깨(Shoulder)		
– 삐뚤어진 어깨(Uneven shoulder)	☐	☐
– 삐뚤어진 견갑골(Uneven scapula)	☐	☐
등(Trunk)		
– 측만증(Scoliosis)	☐	☐
골반 & 힙(Pelvis & Hip)		
– 골반 높이가 기울음 (Lateral pelvic tilt(Uneven hip))	☐	☐
무릎(Knee)		
– X 다리, 외반골, 휜 다리 (Genu varum(Bow legged))	☐	☐
– O 다리, 내외반골 (Genu valgum(Knock–knee))	☐	☐
발목 & 발(Ankle & Foot)		
– 평발 (Pes planus(Flat feet/Fallen arches))	☐	☐
– 높은 아치 (Pes cavus(High arch))	☐	☐

2. 앞모습(Anterior View)

머리 & 목(Head & Neck)	Yes	No
– 옆 목(Lateral tilt)	☐	☐
– 하악 비대칭(Mandibular asymmetry)	☐	☐
어깨(Shoulder)		
– 올라간/내려간 어깨 (Ropped/Elevated shoulder)	☐	☐
– 쇄골 비대칭(Uneven clavicles)	☐	☐
– 갈비뼈 비대칭(Uneven ribs)	☐	☐
발목 & 발(Ankle & Foot)		
– 무지 외반증(Hallus valgus(Bunion))	☐	☐
– 망치족(Hammer toes)	☐	☐

3. 옆모습(Lateral View)

	Yes	No
머리 & 목(Head & Neck)		
– 거북목 증후군(Forward head)	☐	☐
– 주걱턱(Protruding)	☐	☐
어깨(Shoulder)		
– 앞으로 굽은 어깨(Forward shoulder)	☐	☐
흉추(Thoracic Vertebrae)		
– 후만(Kyphosis)	☐	☐
허리부분(Lumbar)		
– 전만(Lordosis)	☐	☐
– 굽은 등(Sway back)	☐	☐
– 편평 등(Flat back)	☐	☐
골반 & 힙(Pelvis & Hip)		
– 골반 전방 경사(Anterior pelvic tilt)	☐	☐
– 골반 후방 경사(Posterior pelvic tilt)	☐	☐
무릎(Knee)		
– 무릎이 뒤로 굴절평발 (Genu recurvatum(Knee bends backwards))	☐	☐

BODY CARE CHART

<table>
<tr><th colspan="4">신 상 명 세
Personal Details</th></tr>
<tr><td>성 명</td><td></td><td>생년월일</td><td>년 월 일 (양력/음력)</td></tr>
<tr><td>휴대폰</td><td colspan="3"></td></tr>
<tr><td>직 업</td><td colspan="3"></td></tr>
<tr><td>생리 주기</td><td>남자일 경우, 남성 고객으로 기입</td><td>임신 여부</td><td>□ 예 □ 아니오</td></tr>
<tr><td>과거 복용약</td><td></td><td>현재 복용약</td><td></td></tr>
<tr><td>병력 및 금기증 (contra indication)</td><td colspan="3">□ 고혈압(high blood pressure) □ 저혈압(low blood pressure)
□ 심장상태문제(heart conditions) □ 골절(breaks/fractures)
□ 피부질환(skin diseases/disorder) □ 정맥류 (varicose veins)
□ 임신후기단계(later stages of pregnancy)
□ 부종(swellings) □ 절개(cut/abrasions)
□ 선번(sunburn) □ 발열(fever)
□ 신경계상태문제(nervous conditions)
□ 혈전증/색전증(history of thrombosis/embolism)
□ 간질(epilepsy) □ 당뇨병(diabetes)
□ 기타 ( )</td></tr>
<tr><td>수술력</td><td colspan="3">□ 예(수술명 :) □ 아니오</td></tr>
<tr><td rowspan="5">생활습관</td><td colspan="3">□ 규칙적 수면 (시 – 시까지 / 총 시간)</td></tr>
<tr><td colspan="3">□ 운동 (주 회)</td></tr>
<tr><td colspan="3">□ 흡연 (주 회)</td></tr>
<tr><td colspan="3">□ 음주 (주 회)</td></tr>
<tr><td colspan="3">□ 식이</td></tr>
</table>

몸매 분석표(Plumb line Posture Analysis)

1. 뒷모습(Posterior View)

머리 & 목(Head & Neck)	Yes	No
– 기울어짐(Head tilt)	☐	☐
어깨(Shoulder)		
– 삐뚤어진 어깨(Uneven shoulder)	☐	☐
– 삐뚤어진 견갑골(Uneven scapula)	☐	☐
등(Trunk)		
– 측만증(Scoliosis)	☐	☐
골반 & 힙(Pelvis & Hip)		
– 골반 높이가 기울음 (Lateral pelvic tilt(Uneven hip))	☐	☐
무릎(Knee)		
– X 다리, 외반골, 휜 다리 (Genu varum(Bow legged))	☐	☐
– O 다리, 내외반골 (Genu valgum(Knock–knee))	☐	☐
발목 & 발(Ankle & Foot)		
– 평발 (Pes planus(Flat feet/Fallen arches))	☐	☐
– 높은 아치 (Pes cavus(High arch))	☐	☐

2. 앞모습(Anterior View)

머리 & 목(Head & Neck)	Yes	No
– 옆 목(Lateral tilt)	☐	☐
– 하악 비대칭(Mandibular asymmetry)	☐	☐
어깨(Shoulder)		
– 올라간/내려간 어깨 (Ropped/Elevated shoulder)	☐	☐
– 쇄골 비대칭(Uneven clavicles)	☐	☐
– 갈비뼈 비대칭(Uneven ribs)	☐	☐
발목 & 발(Ankle & Foot)		
– 무지 외반증(Hallus valgus(Bunion))	☐	☐
– 망치족(Hammer toes)	☐	☐

3. 옆모습(Lateral View)

	Yes	No
머리 & 목(Head & Neck)		
– 거북목 증후군(Forward head)	☐	☐
– 주걱턱(Protruding)	☐	☐
어깨(Shoulder)		
– 앞으로 굽은 어깨(Forward shoulder)	☐	☐
흉추(Thoracic Vertebrae)		
– 후만(Kyphosis)	☐	☐
허리부분(Lumbar)		
– 전만(Lordosis)	☐	☐
– 굽은 등(Sway back)	☐	☐
– 편평 등(Flat back)	☐	☐
골반 & 힙(Pelvis & Hip)		
– 골반 전방 경사(Anterior pelvic tilt)	☐	☐
– 골반 후방 경사(Posterior pelvic tilt)	☐	☐
무릎(Knee)		
– 무릎이 뒤로 굴절평발 (Genu recurvatum(Knee bends backwards))	☐	☐

체형관리 실습

능력단위요소	전신 클렌징하기(1201010204_02.14v2)
수행준거	2.1. 전신부위별 피부유형에 따라 클렌징 방법과 제품을 선택할 수 있다.
	2.2. 전신피부유형에 맞는 제품과 테크닉으로 클렌징 할 수 있다.
	2.3. 온습포 또는 경우에 따라 냉습포로 닦아내고 토닉으로 정리할 수 있다.

실습준비	실습과정

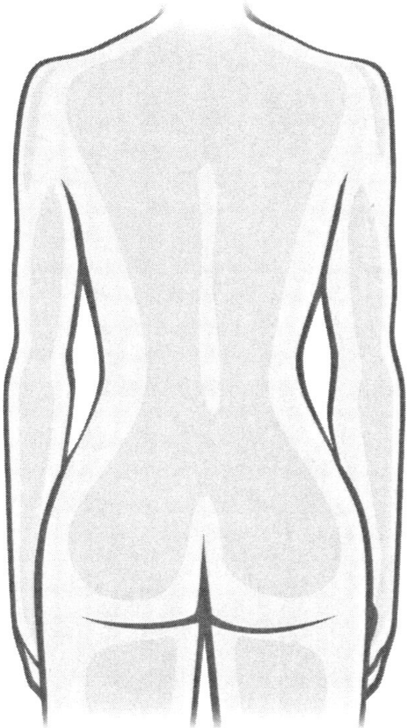

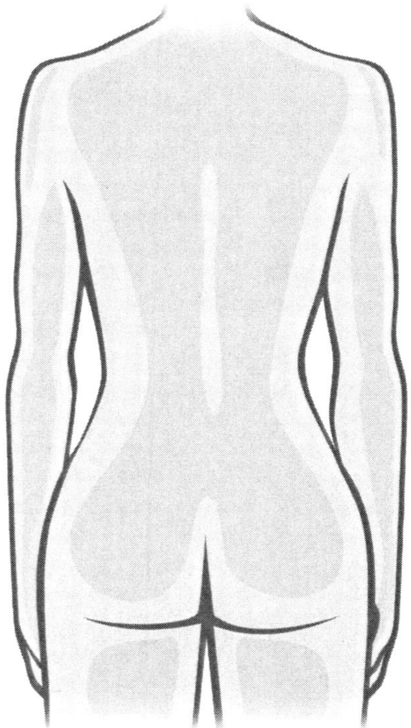

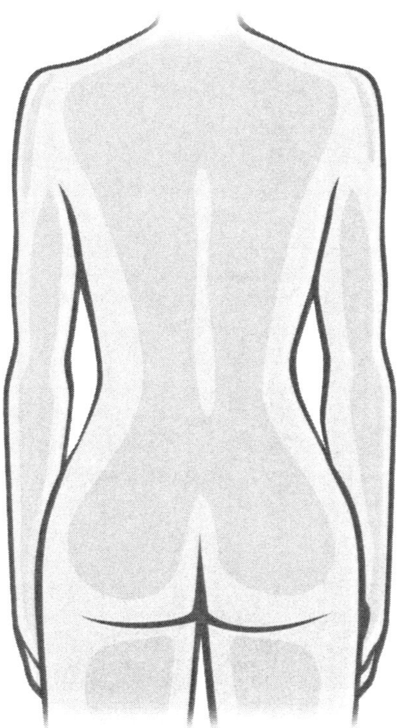

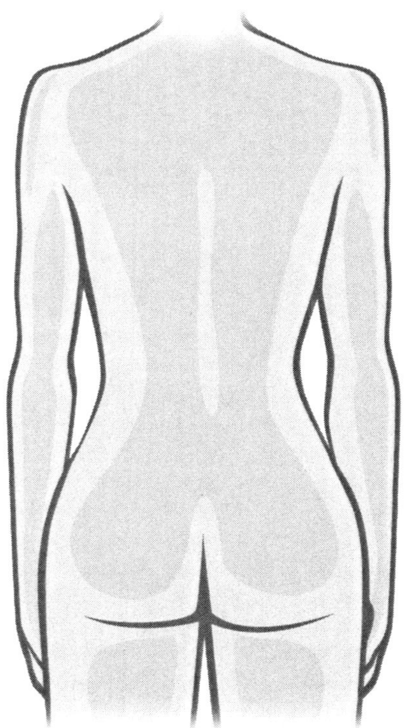

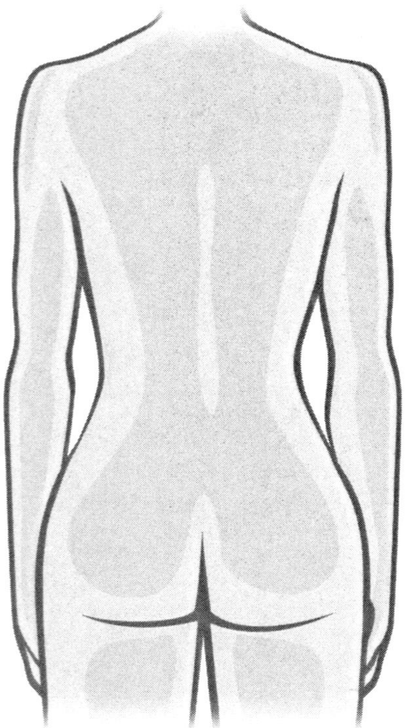

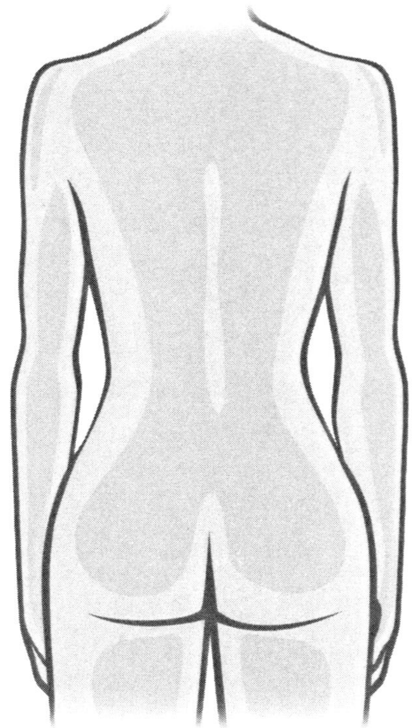

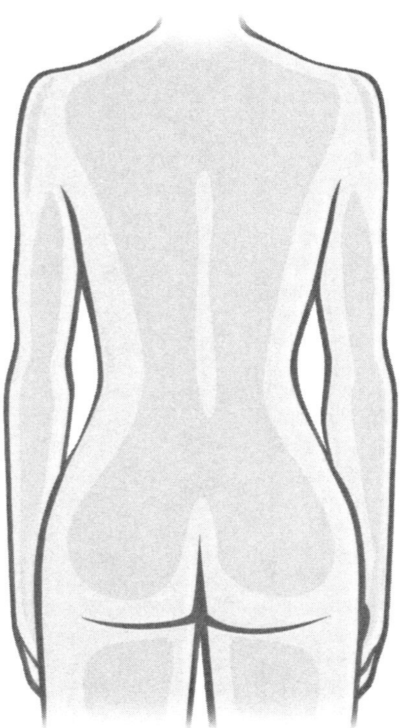

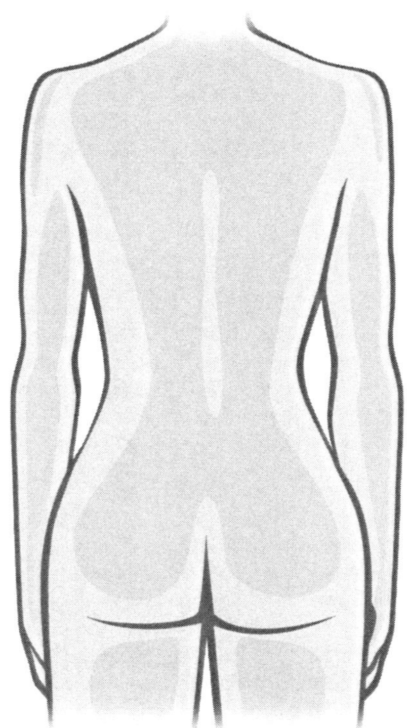

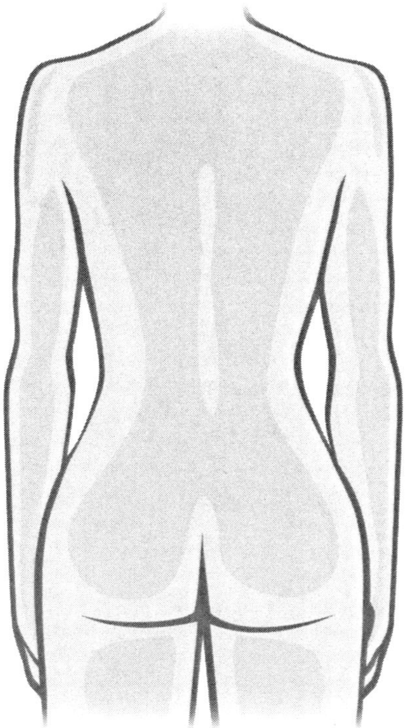

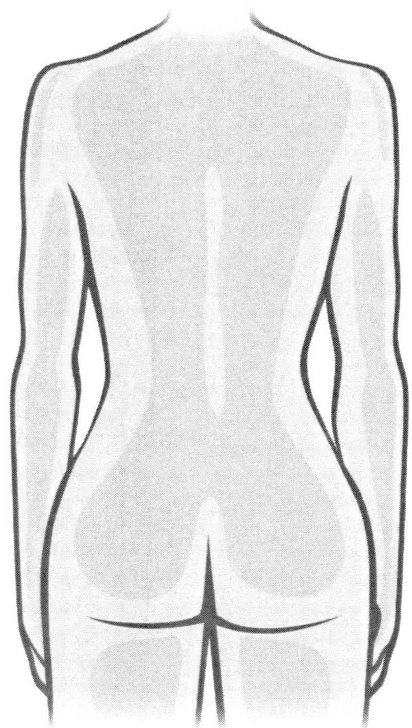

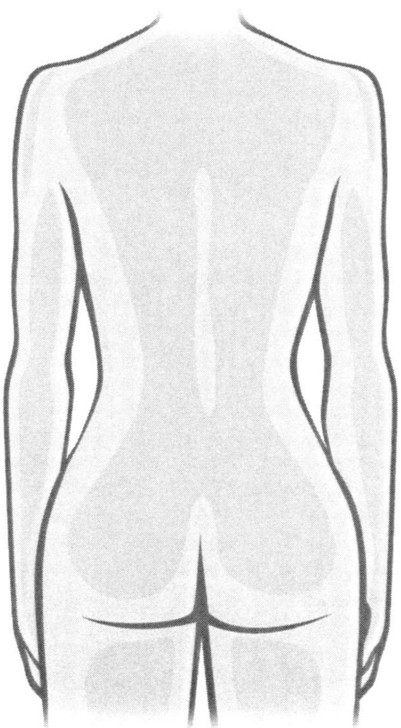

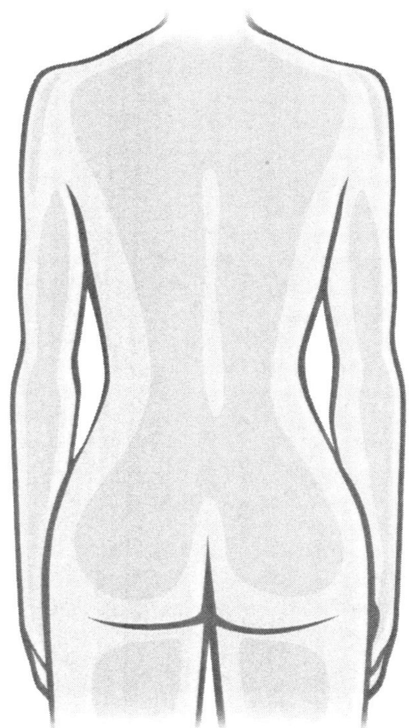

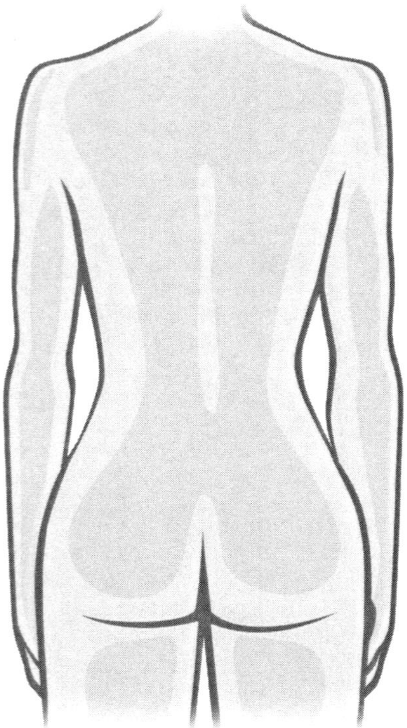

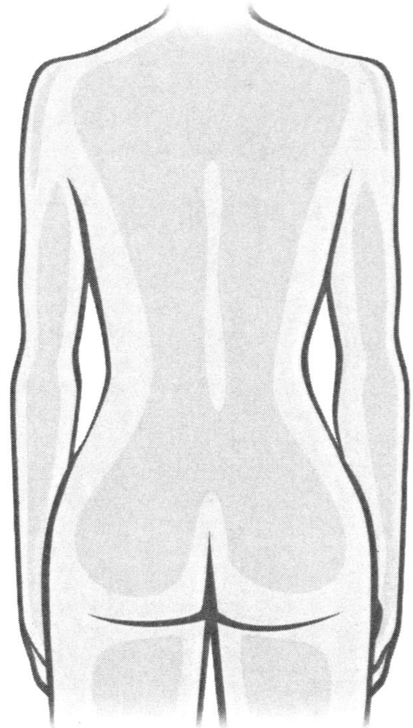

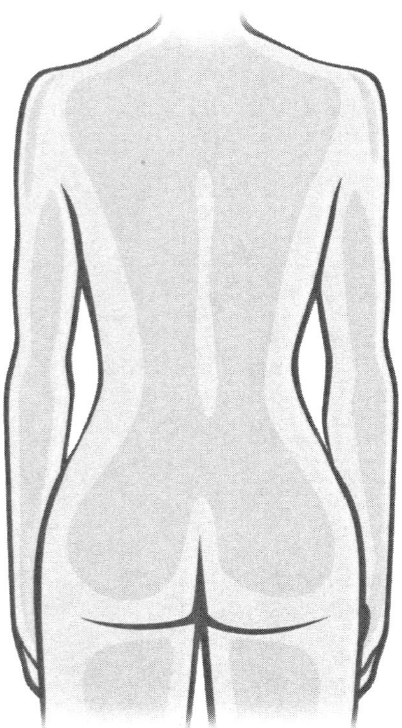

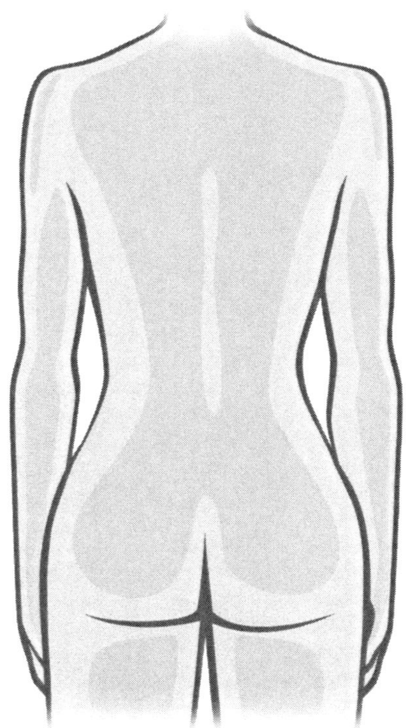

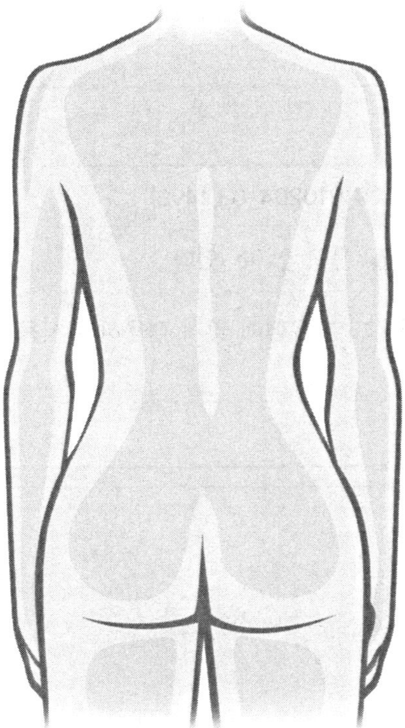

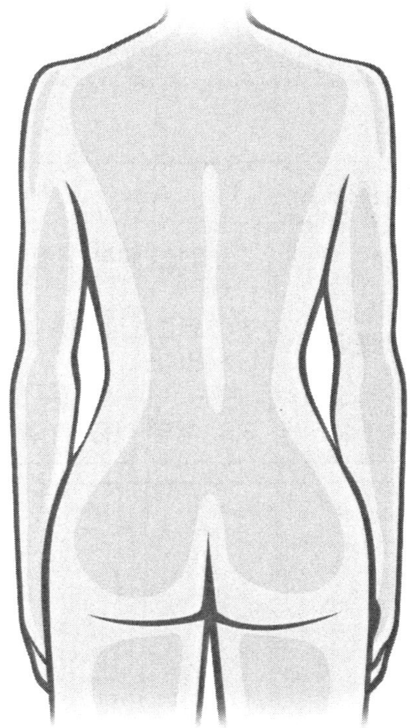

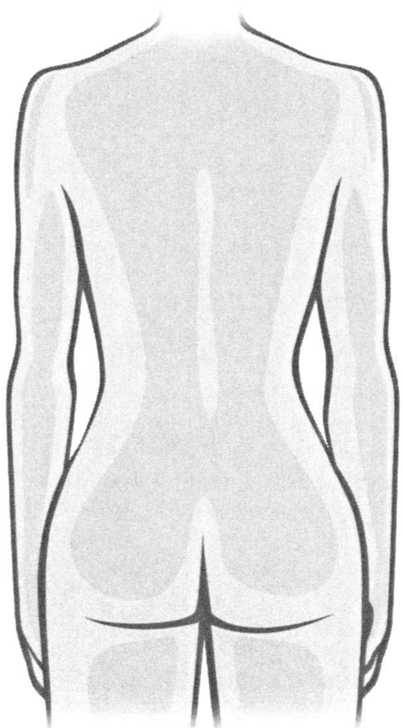

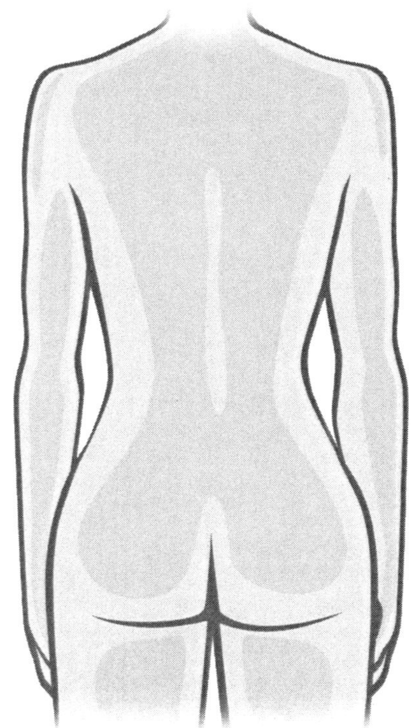

체형관리 실습

능력단위요소	전신 딥클렌징하기(1201010204_03.14v2)
수행준거	3.1. 전신 피부 유형별 딥클렌징 제품을 선택 할 수 있다.
	3.2. 딥클렌징 제품의 특성에 따라 전신 피부 유형에 맞게 적용하여 사용 할 수 있다.
	3.3. 해당 미용기기를 활용할 수 있다.

실습준비	실습과정

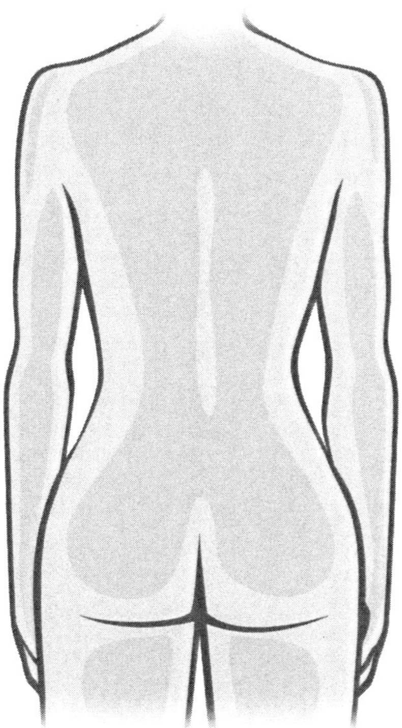

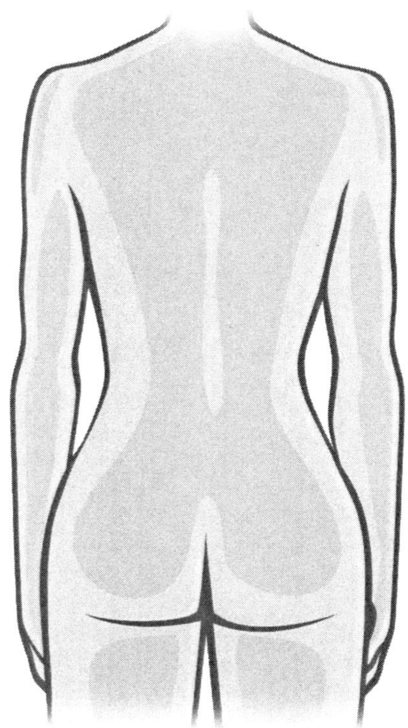

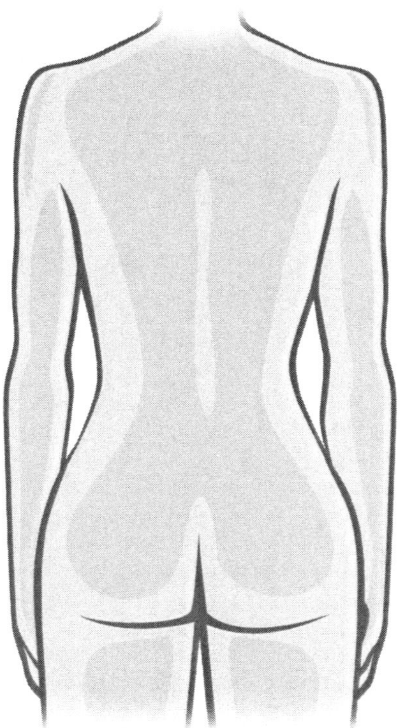

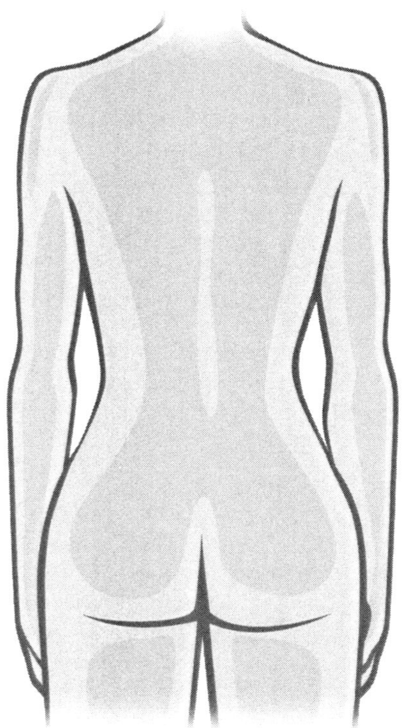

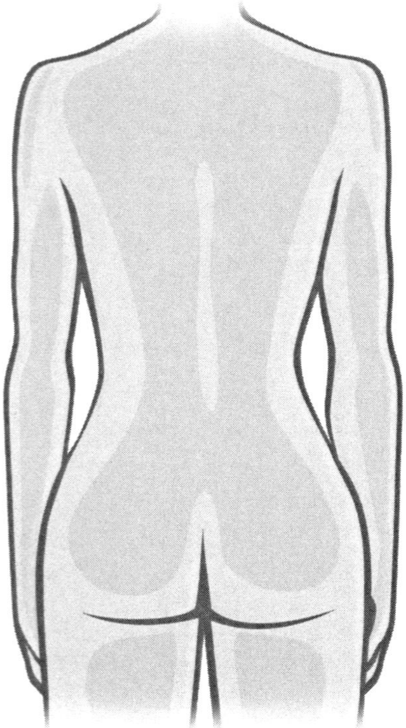
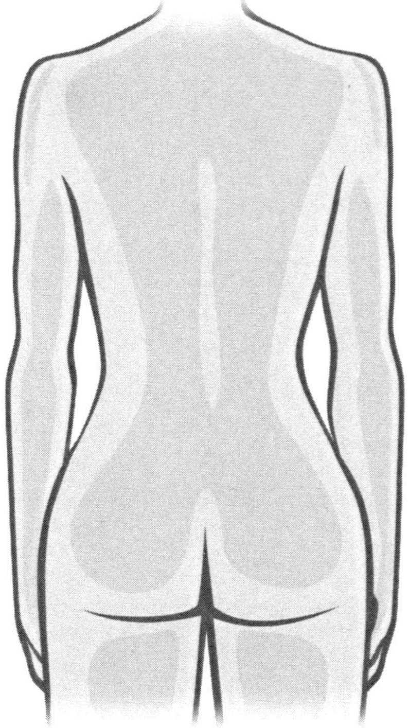
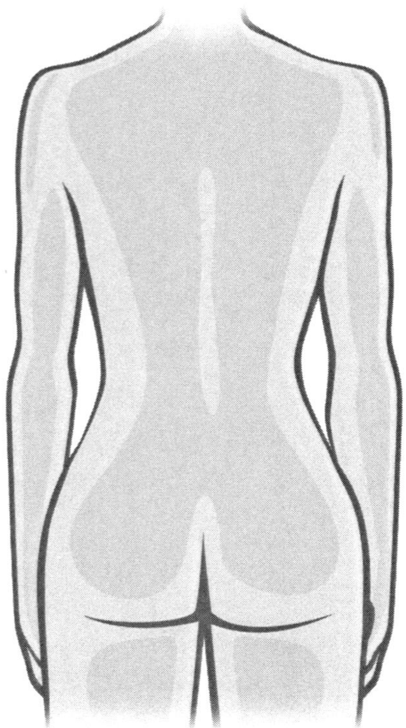
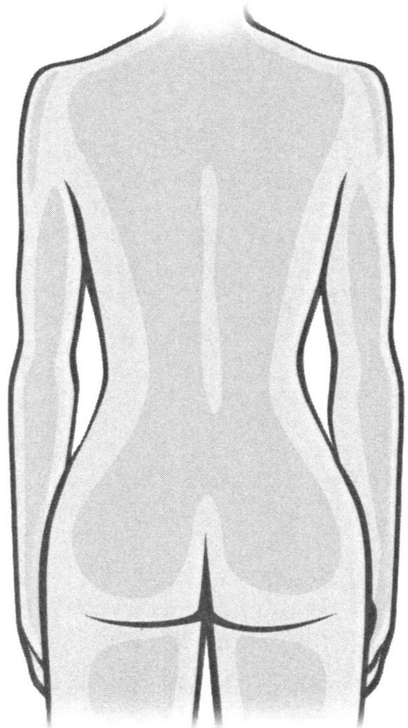

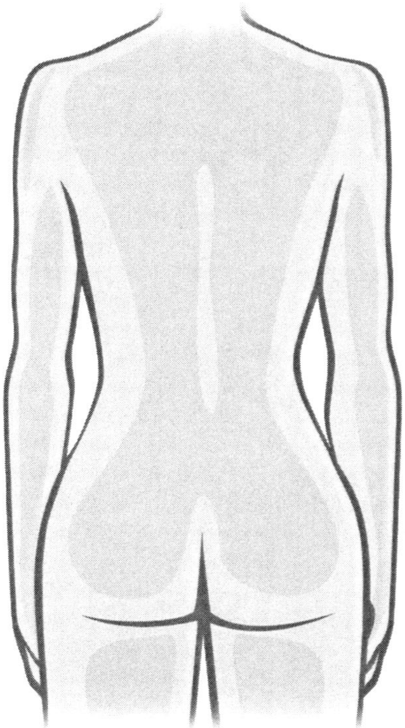

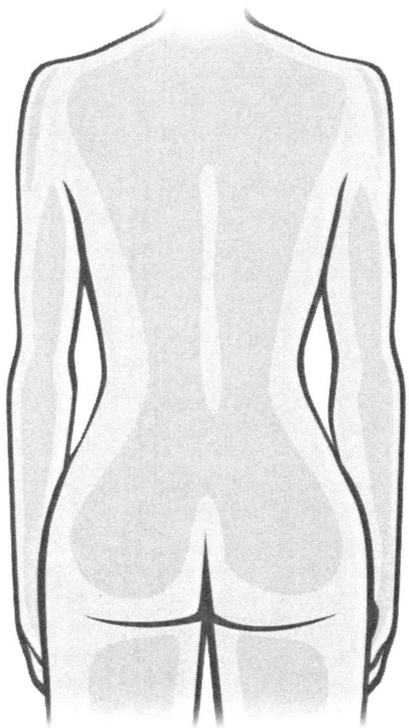

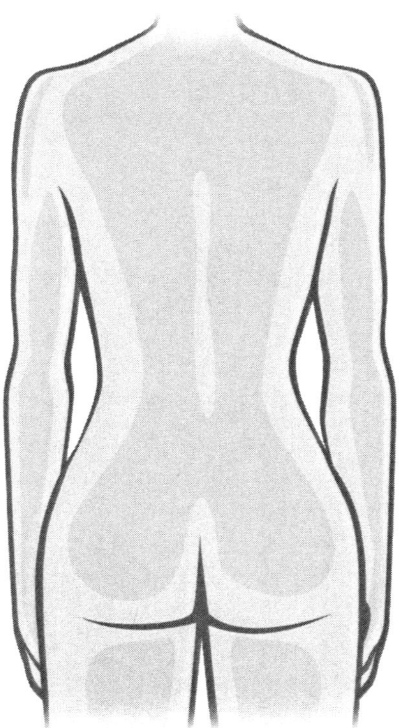

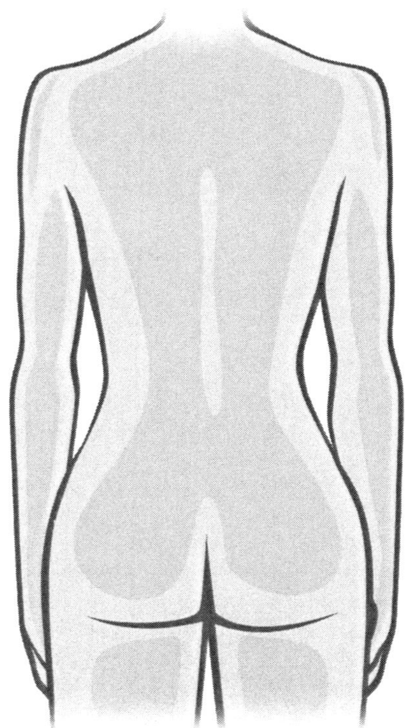

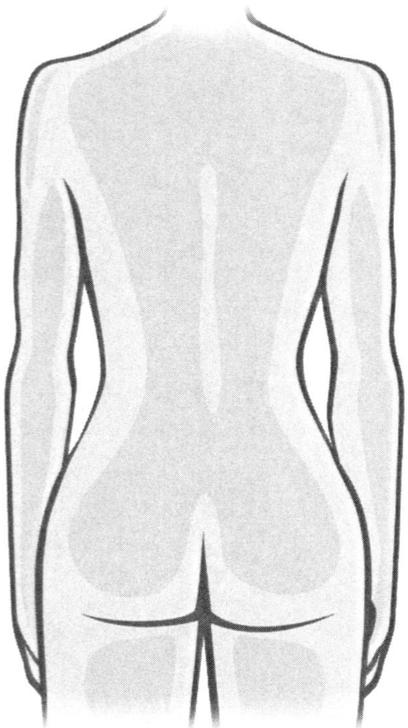

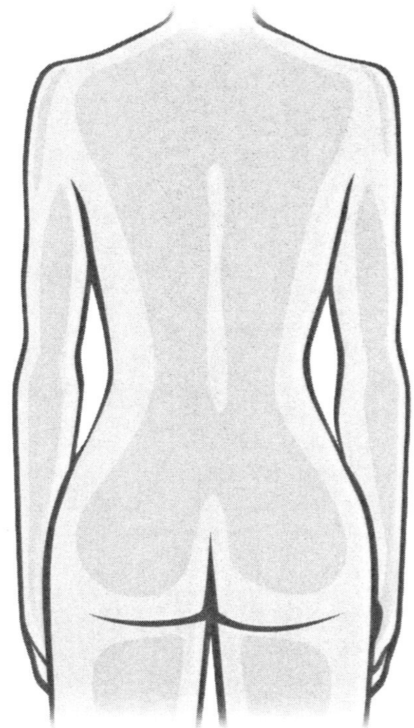

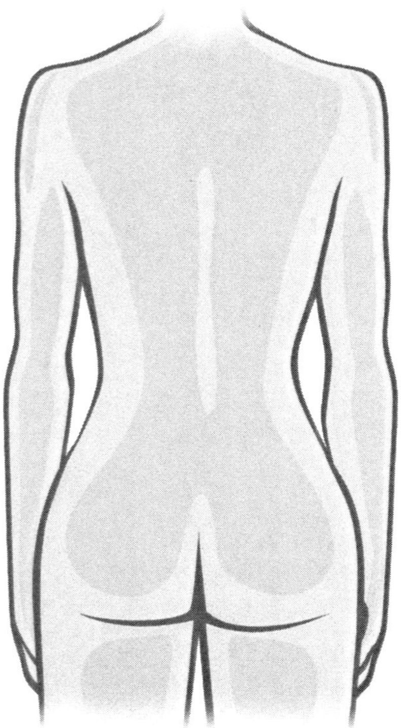

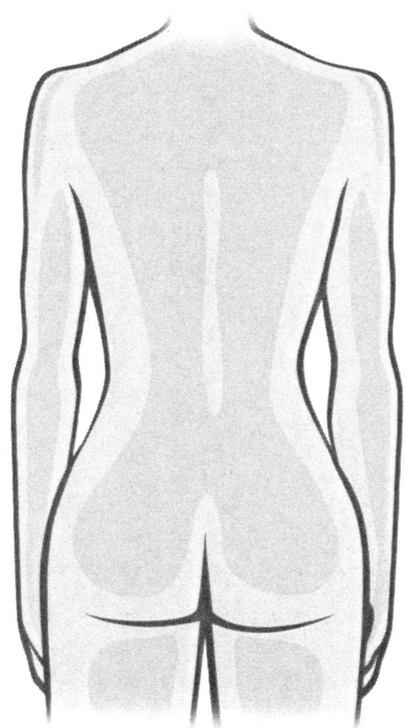

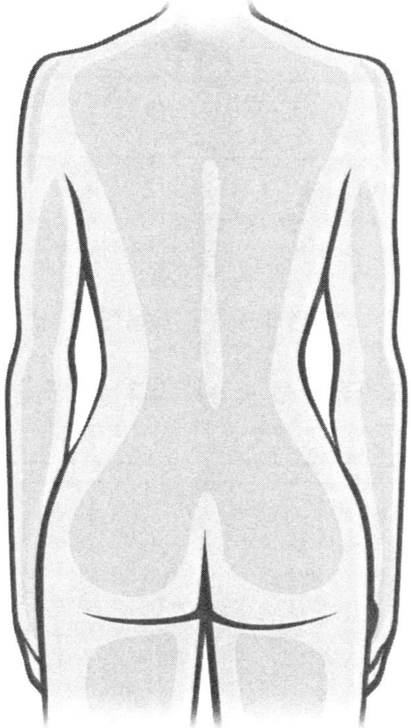

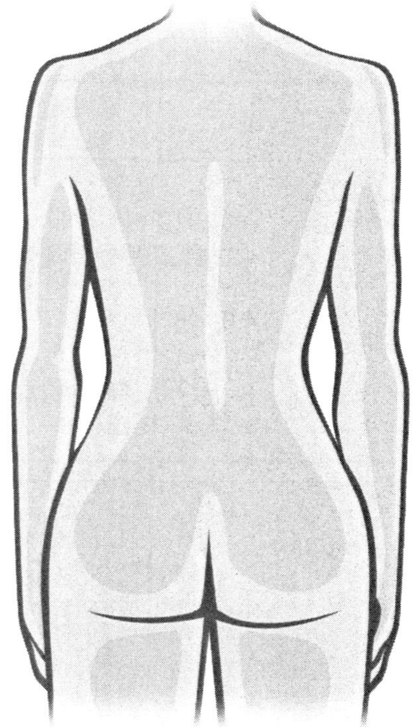

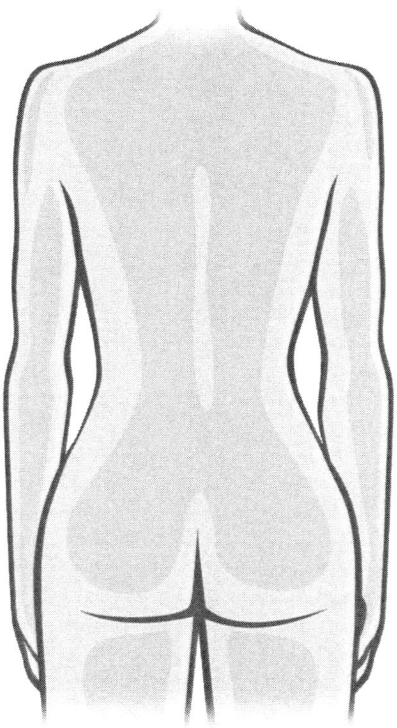

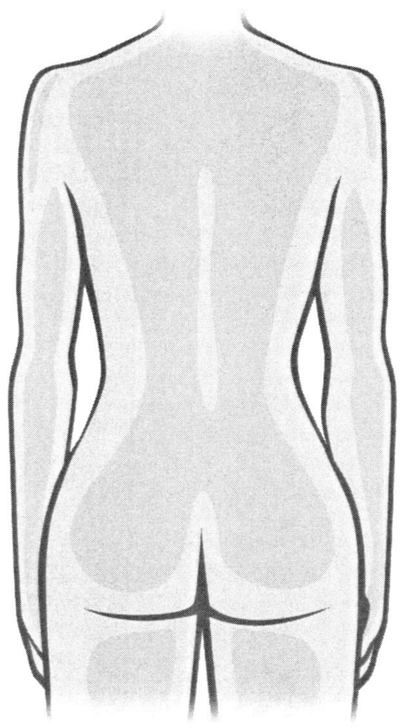

체형관리 실습

능력단위요소	등 관리하기(1201010204_04.14v2)
수행준거	4.1. 등 피부유형에 맞는 제품을 선택할 수 있다.
	4.2. 등의 상태를 파악하고 목적에 맞는 매뉴얼테크닉을 적용할 수 있다.
	4.3. 시간, 속도, 리듬, 밀착, 세기를 고려하여 등 매뉴얼 테크닉을 구사할 수 있다.

실습준비	실습과정

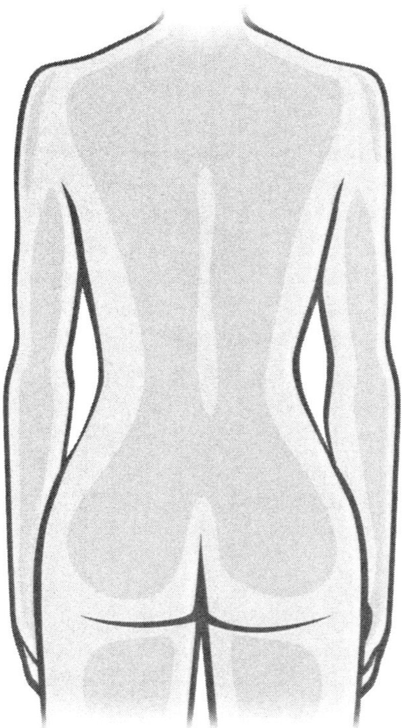
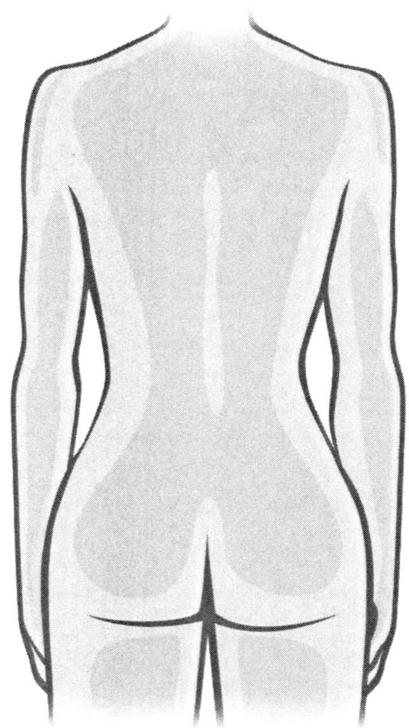
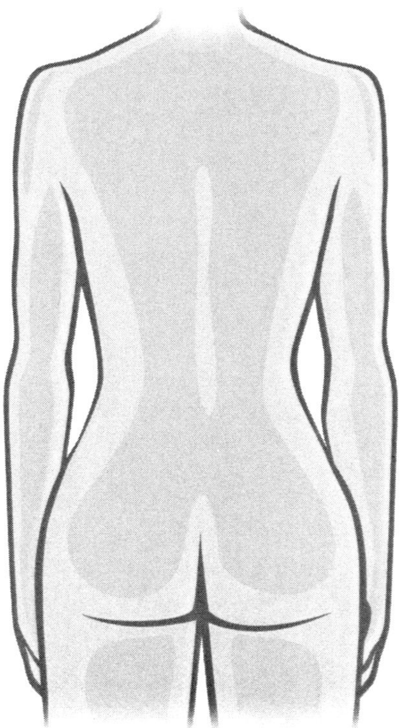
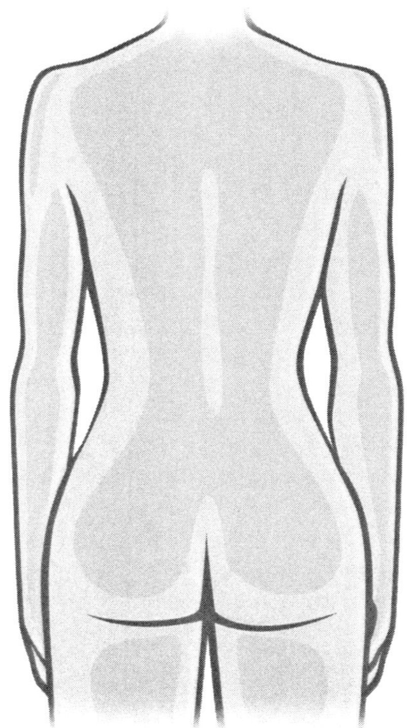

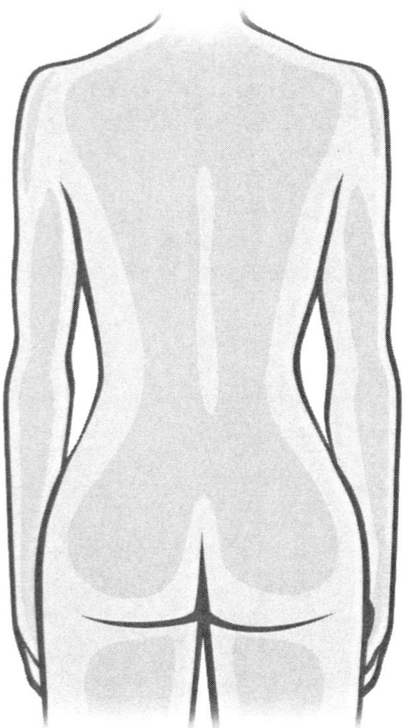

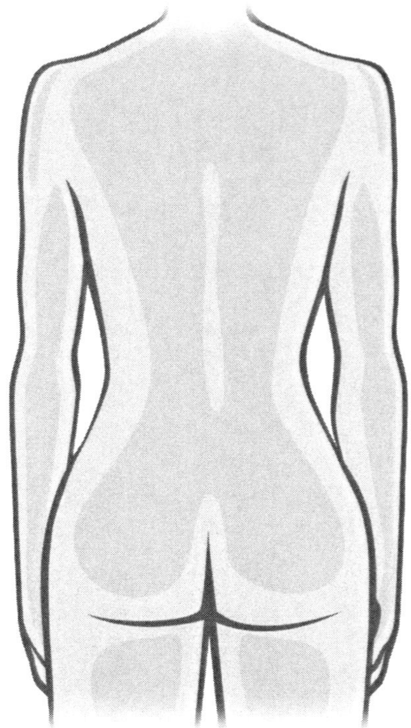

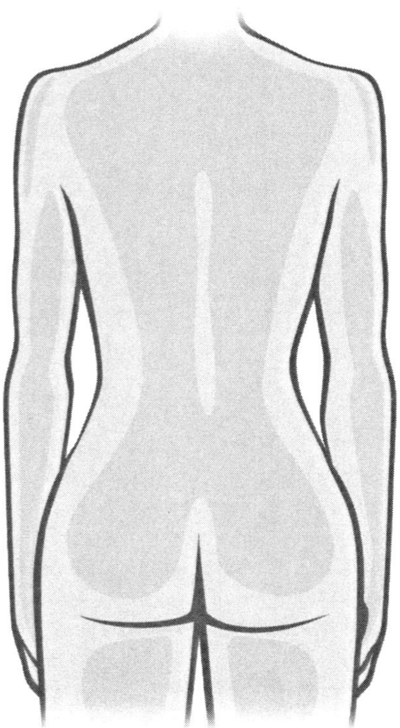

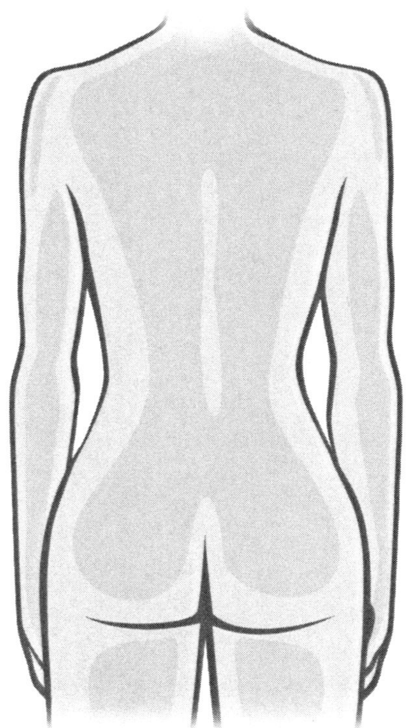

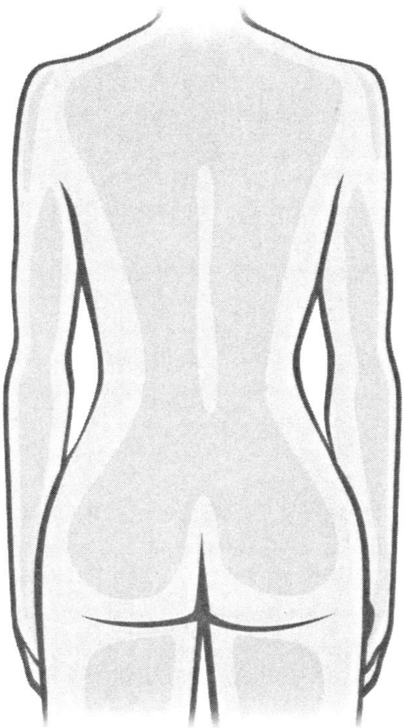
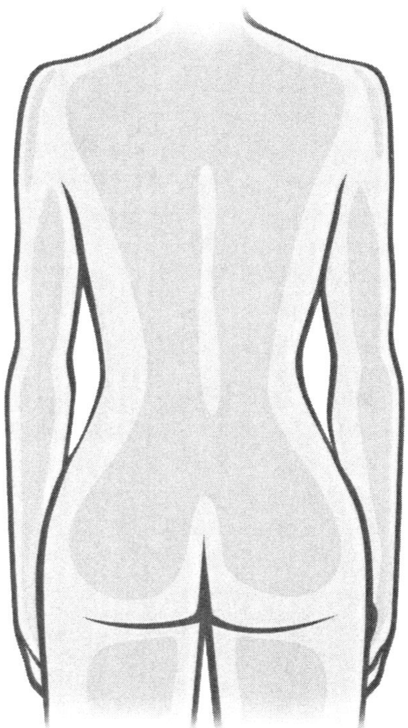
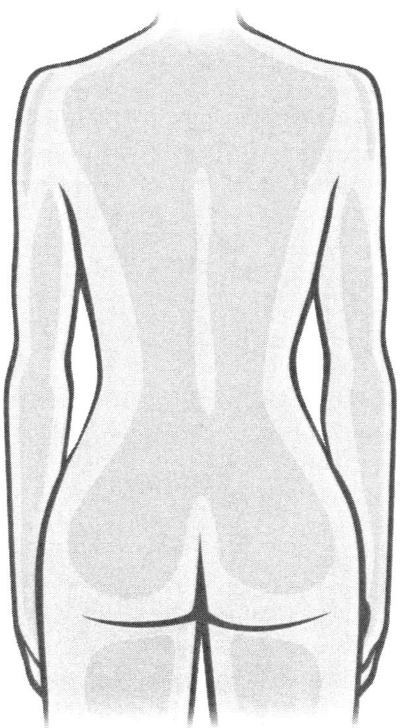
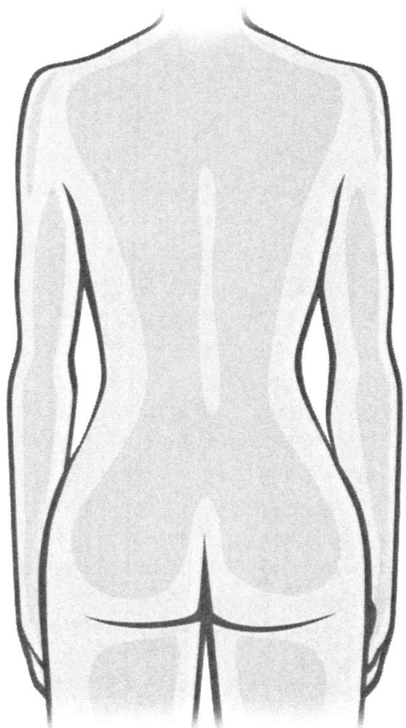

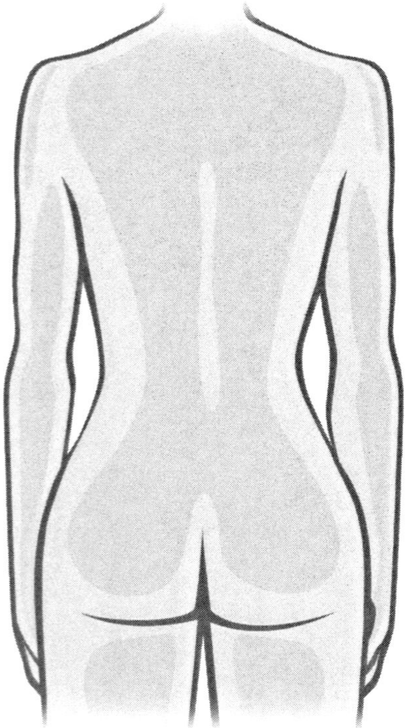

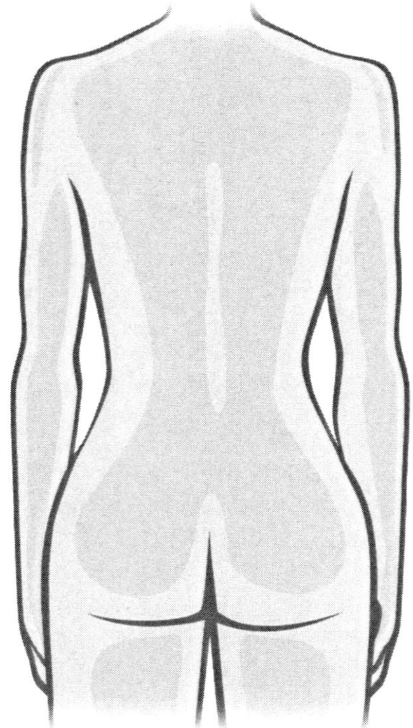

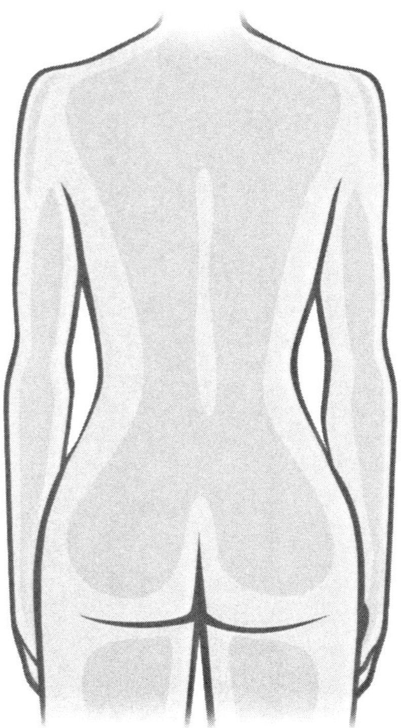

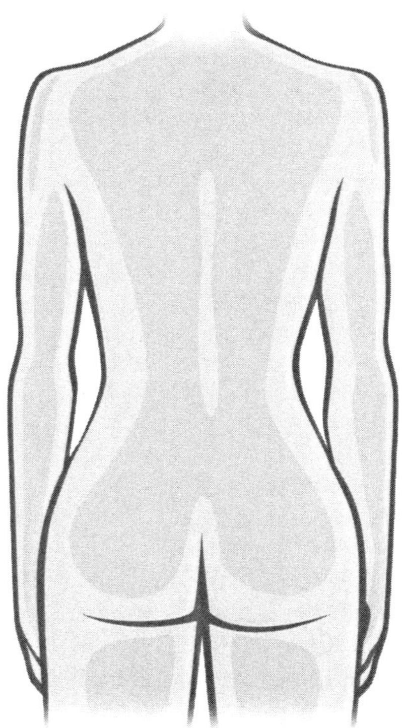

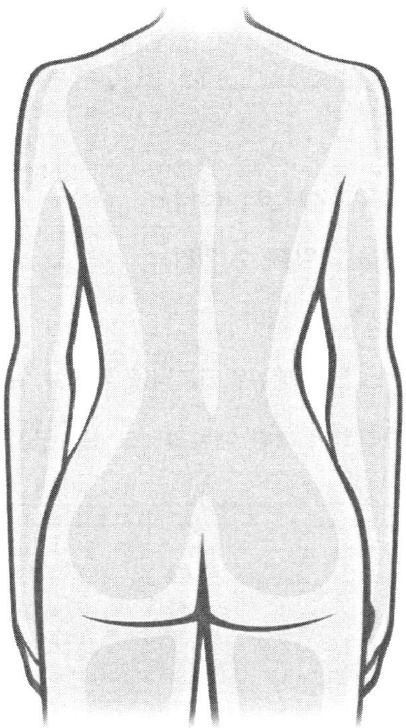

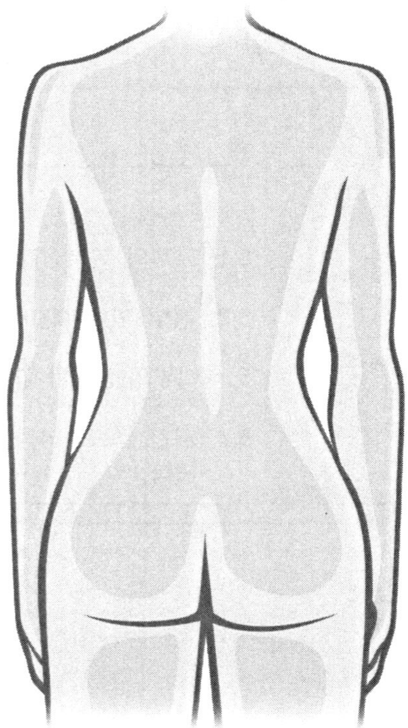

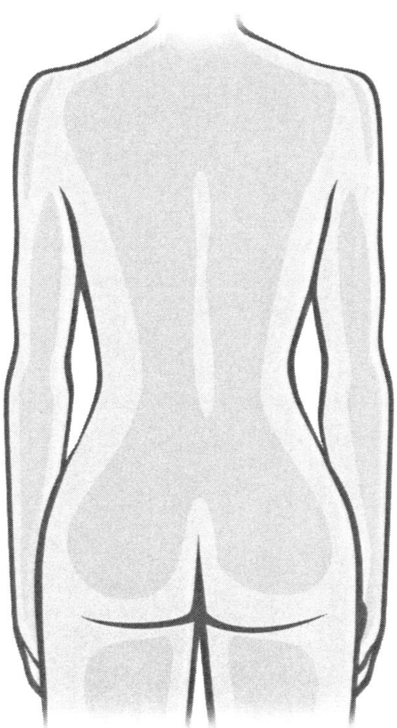

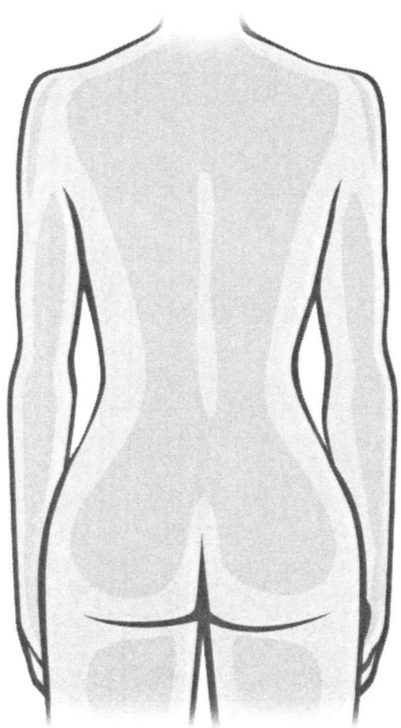

체형관리 실습

능력단위요소	복부 관리하기(1201010204_05.14v2)
수행준거	5.1. 고객의 복부상태에 따른 금기사항을 파악할 수 있다.
	5.2. 복부 피부유형에 맞는 제품을 선택할 수 있다.
	5.3. 복부의 상태를 파악하고 목적에 맞는 복부 매뉴얼테크닉을 적용할 수 있다.
	5.4. 시간, 속도, 리듬, 밀착, 세기를 고려하여 복부 매뉴얼테크닉을 구사할 수 있다.

실습준비	실습과정

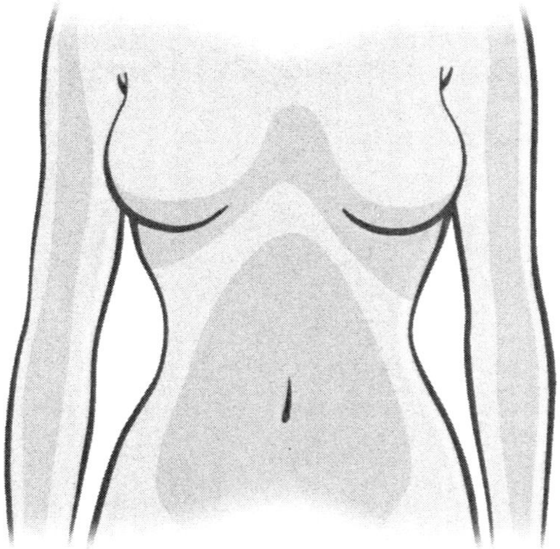

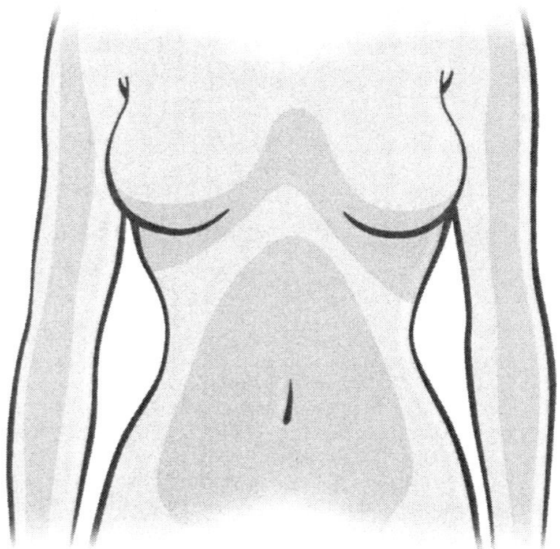

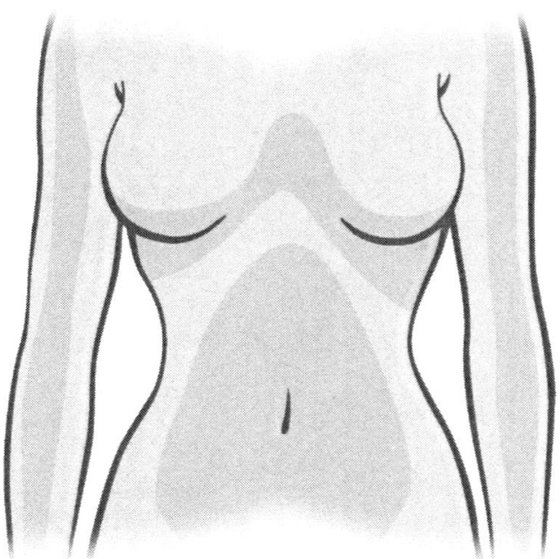

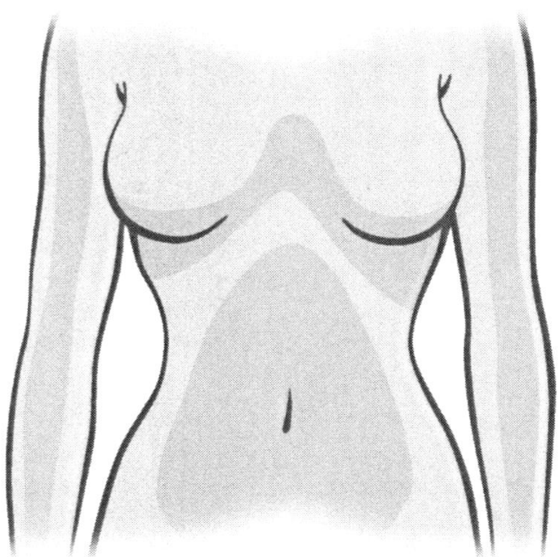

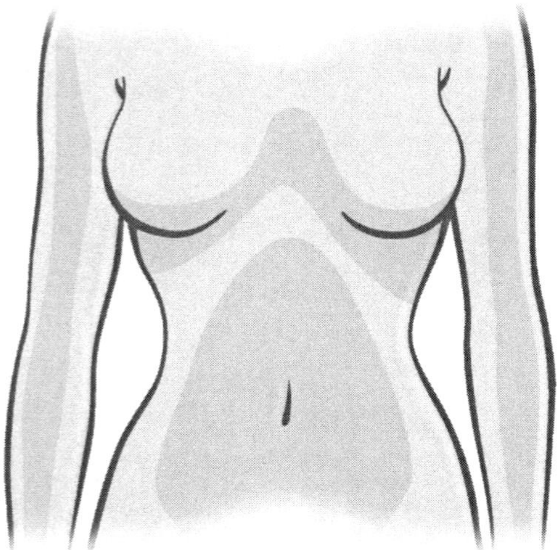

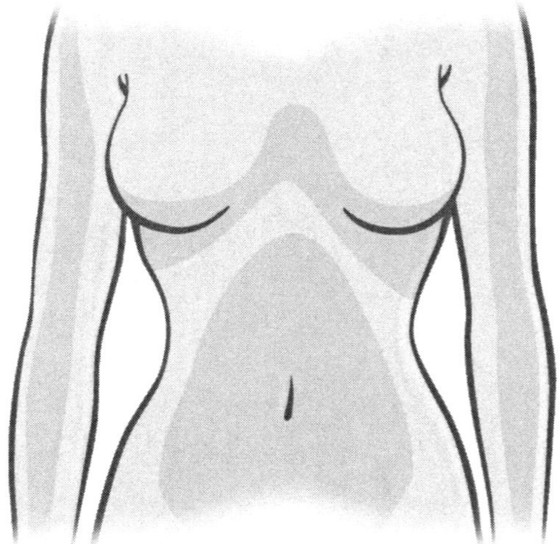

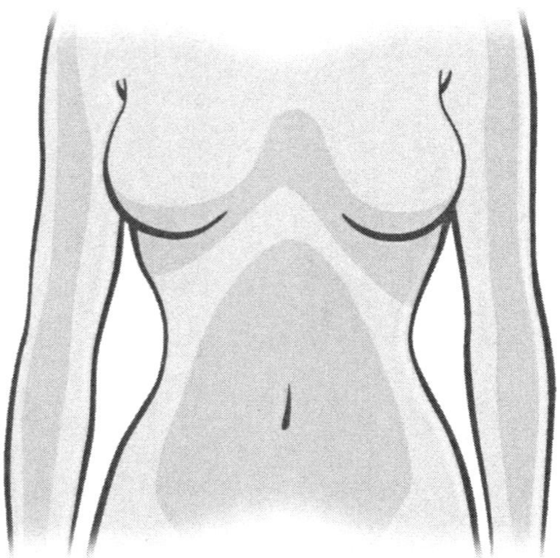

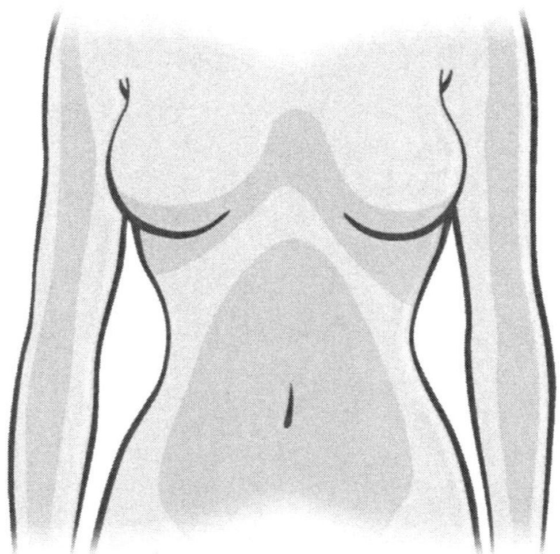

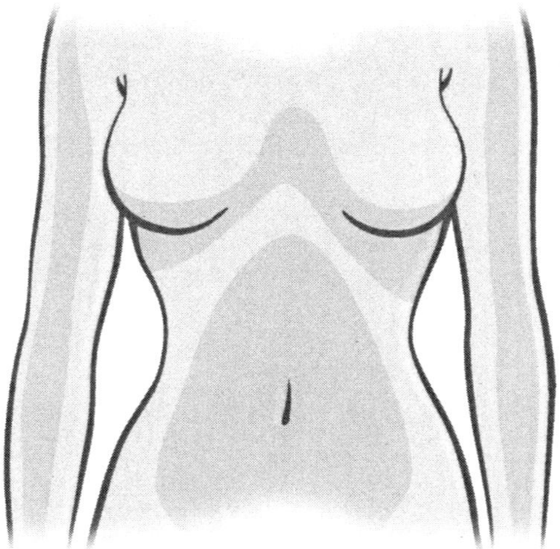

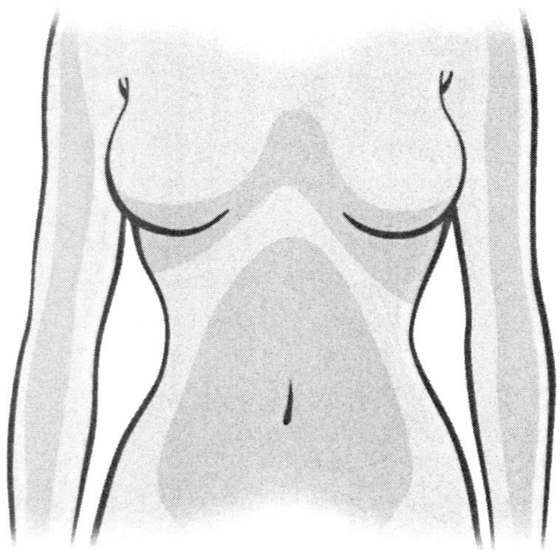

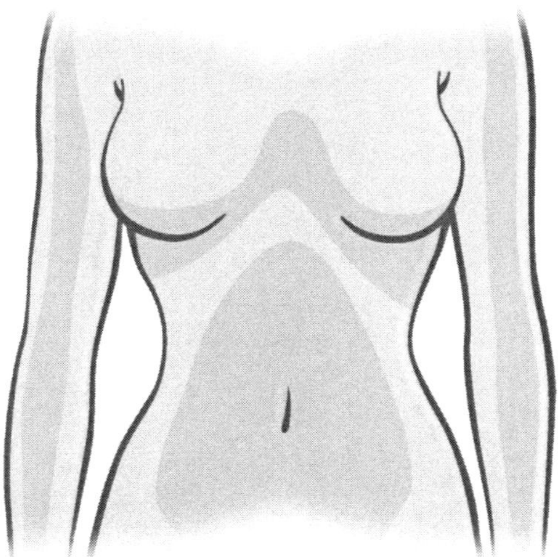

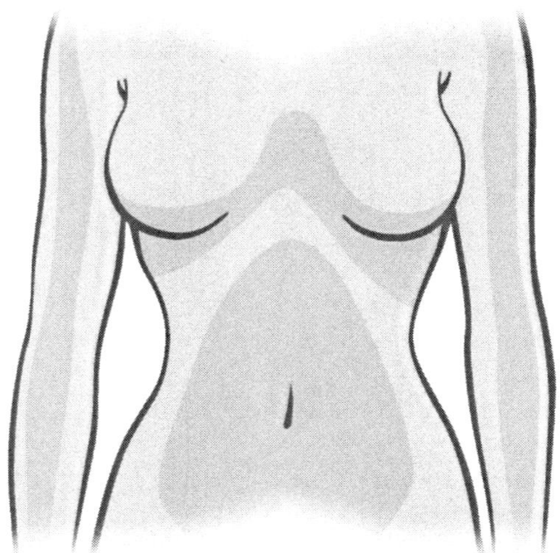

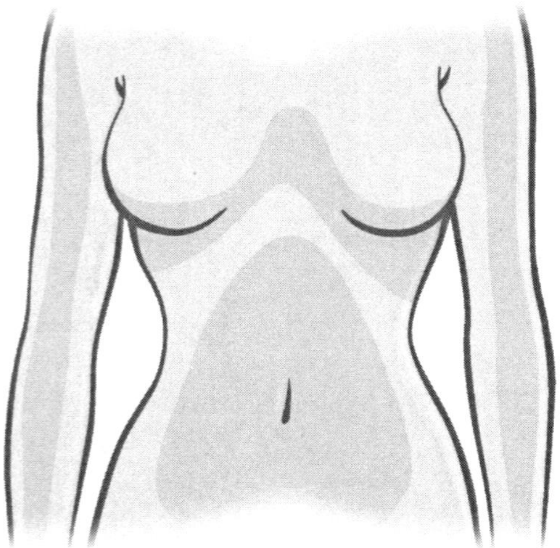

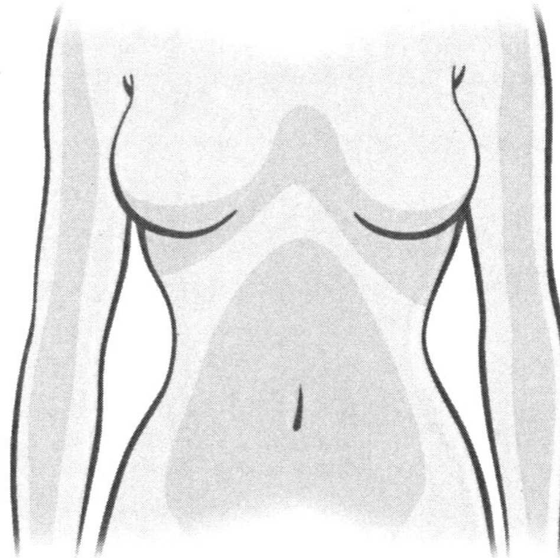

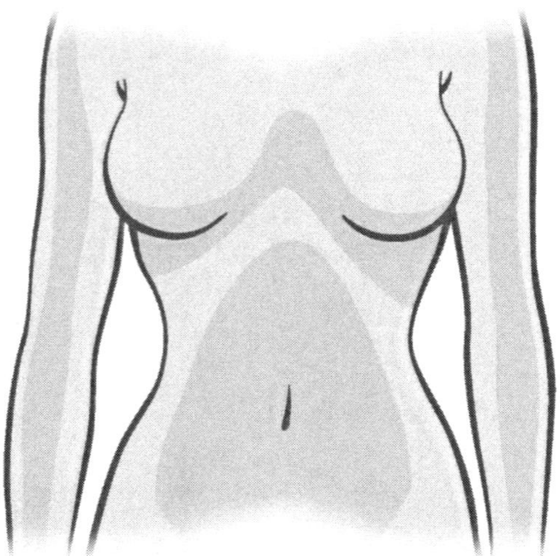

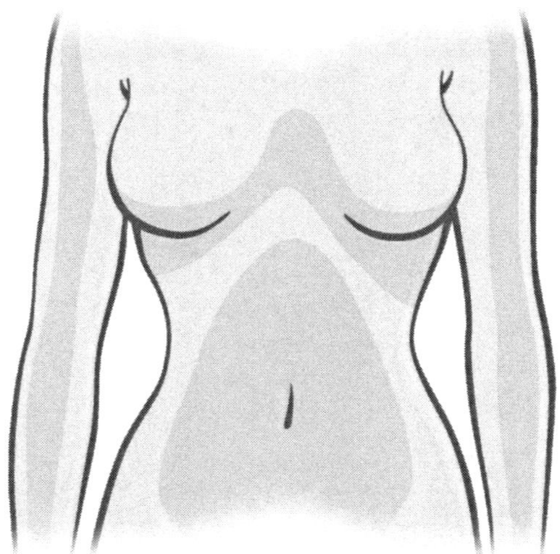

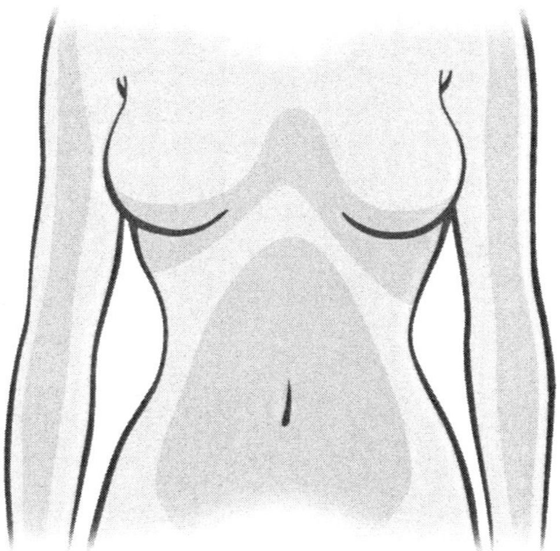

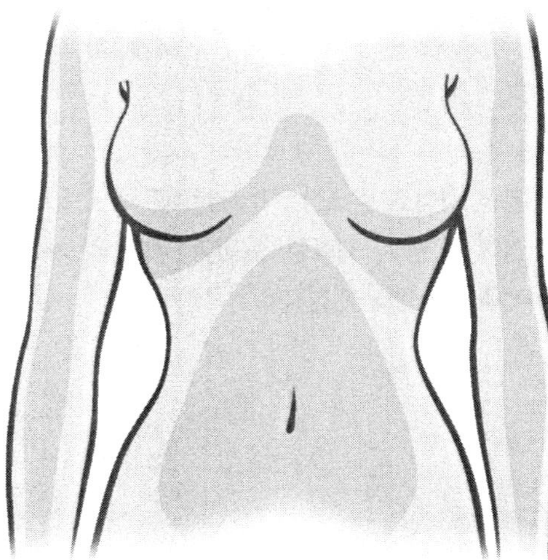

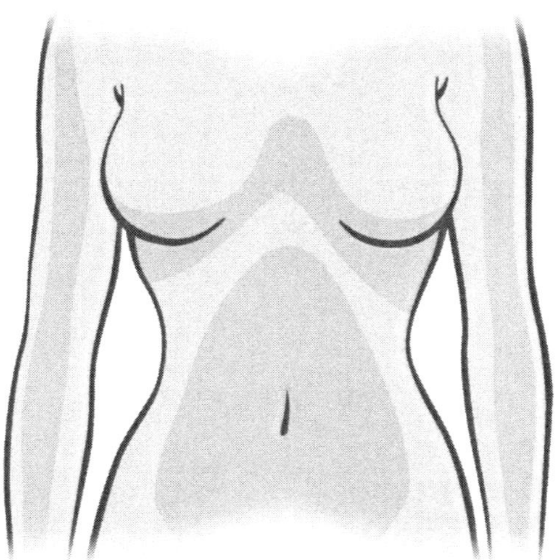

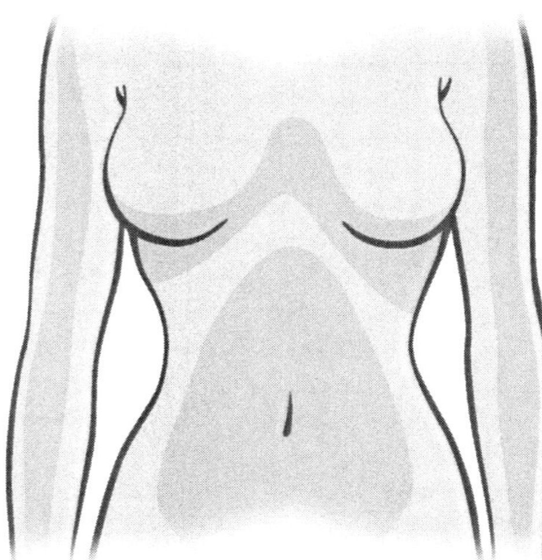

참고문헌

최윤경 하병조 김유정. 해부생리학. 구민사. 2014
이영미, 이정희, 최화정, 윤미영, 비만 및 체형관리학, 구민사, 2016
여주대 ncs센터 지침자료

저자약력

- **김유정**
  여주대학교 교수
- **이현진**
  오산대학교 겸임교수
- **김현주**
  삼육대학교 겸임교수

National Competency Standards **NCS**
http://www.ncs.go.kr

피부미용직무능력표준 학습모듈

체형관리 실습서

초판인쇄	2016년 10월 15일
초판발행	2016년 10월 20일
저자	김유정·이현진·김현주
발행인	**조규백**
발행처	도서출판 **구민사** (07299) 서울특별시 영등포구 당산로2길 12, 1004호(에이스 테크노타워)
전화	(02) 701-7421(~2)
팩스	(02) 3273-9642
홈페이지	www.kuhminsa.co.kr
등록	제14-29호 (1980년 2월 4일)
ISBN	979-11-5813-318-4 [93590]
값	**12,000원**